高等学校智能科学与技术专业“十二五”规划教材

机器人学简明教程

张奇志　周亚丽　编著

西安电子科技大学出版社

内容简介

本书简明地介绍了机器人学最基础也是最重要的内容，主要包括绪论，空间描述与坐标变换，机器人运动学，机器人逆运动学，速度与静力学关系，机器人动力学，机器人路径规划，驱动器与传感器，机器人控制等内容。在附录中介绍了双连杆平面机械手跟踪控制Matlab程序和Puma机械手逆运动学Matlab程序。本书写作力求简明扼要，并通过例题和仿真帮助读者理解理论内容。

本书可作为普通高等学校工科相关专业高年级学生的机器人学教材，也可以供从事机器人相关研究和开发的教师、研究生和工程技术人员参考。

图书在版编目(CIP)数据

机器人学简明教程/张奇志，周亚丽编著. —西安：西安电子科技大学出版社，2013.3
高等学校智能科学与技术专业"十二五"规划教材
ISBN 978-7-5606-3020-5

Ⅰ. ① 机… Ⅱ. ① 张… ② 周… Ⅲ. ① 机器人学—高等学校—教材
Ⅳ. ① TP24

中国版本图书馆CIP数据核字(2013)第028147号

策划编辑 邵汉平
责任编辑 马武装 邵汉平
出版发行 西安电子科技大学出版社(西安市太白南路2号)
电　　话 (029)88242885 88201467 邮　　编 710071
网　　址 www.xduph.com 电子邮箱 xdupfxb001@163.com
经　　销 新华书店
印刷单位 西安文化彩印厂
版　　次 2013年4月第1版 2013年4月第1次印刷
开　　本 787毫米×1092毫米 1/16 印张 8.5
字　　数 196千字
印　　数 1～3000册
定　　价 17.00元
ISBN 978-7-5606-3020-5/TP
XDUP 3312001-1

前　言

机器人技术是近年来得到广泛关注的研究领域，中国、日本、韩国和欧盟等各国都将机器人技术列入了国家科技发展规划。工业机器人、医疗机器人已经得到了广泛的应用，随着人口的老龄化，服务机器人也得到了越来越多的重视。“机器人学”是机械电子、自动控制、计算机和人工智能等学科交叉形成的学科，是目前世界范围内受到广泛关注的学科领域。

“人工智能”和“机器人学”关系紧密，机器人被认为是人工智能研究的最佳平台，智能机器人可以完美展示人工智能的研究成果，使人工智能研究得到更广泛的认同。

目前，机器人学课程比较著名的教材主要有美国斯坦福大学 John J. Craig 教授的《机器人学导论》和中南大学蔡自兴教授的《机器人学基础》。这两本经典教材主要以机械手为对象，详细介绍了机器人运动学、动力学和控制等机器人学的基本原理。其中蔡自兴教授在《机器人学基础》中对人工智能与机器人学的关系进行了深入的分析与论述。但是这两本教材也存在难度较大，所需课时数较多等问题。

本书作者为北京信息科技大学“模式识别与智能系统”硕士专业学生和“智能科学与技术”本科专业学生讲授了多次“机器人学”相关课程，在教学中深感为了满足教学时数缩减和大众化高等教育的需求，有必要编写一本简明教程。本书就是作者为此所做的努力的成果。

本书精选了机器人学的经典内容，并结合作者多年从事机器人研究的经验介绍了机器人学的一些新成果。机器人的发展与传感器和驱动技术的发展紧密相关，近年来微软的 3D 传感器 Kinect、激光扫描雷达等已经广泛应用于机器人平台。由于本书侧重于基础，故没有对此进行专门的介绍。

本书是在北京信息科技大学教务处、自动化学院领导和教师的支持下完成的。其中第 8 章驱动器与传感器由周亚丽编写，其余各章由张奇志编写。本书的出版得到了北京市属高等学校人才强教深化计划——模式识别与智能系统学术创新团队项目(PHR201106131)和北京信息科技大学教学改革项目(2010JG15，2011JGYB12)的资助。

虽然作者进行了反复修改，但因为水平所限，不妥之处在所难免，欢迎读者批评指正。

张奇志

2012 年 10 月 8 日

目　录

第1章　绪　　论

1.1　机器人的由来

机器人(Robot)一词首次出现在捷克作家 K. Capek 1920 年的科幻剧《罗萨姆的万能机器人》中，Robot 是剧中的人造劳动者。1950 年，美国科幻小说家阿西莫夫在他的小说《我是机器人》中提出了机器人必须遵守的“三准则”：

第 1 准则：机器人不得伤害人类，或坐视人类受到伤害。

第 2 准则：机器人必须服从人类命令，与第 1 准则相违背的情况除外。

第 3 准则：机器人必须保护自己不受伤害，与第 1、2 准则相违背的情况除外。

这三个准则也是机器人研究和开发中应该遵守的机器人三定律。

最早得到应用的机器人是工业机器人，1962 年，美国万能自动化公司的第一台机器人(机械手)Unimate 在美国通用汽车公司投入使用，这标志着第一代机器人的诞生。从 20 世纪 70 年代开始，日本购买美国专利技术生产了大量的工业机器人，并在汽车制造等工业领域广泛应用机器人。工业机器人的使用极大地提高了汽车生产线的工作效率，使得美国和日本的汽车生产在当时占据了主导地位。20 世纪 80 年代以后，随着机械电子技术、计算机软硬件技术的发展，机器人的应用从工业机器人扩展到了非常广阔的领域，水下机器人、空间机器人、空中机器人、服务机器人、微小型机器人等各种用途的机器人相继问世。

虽然机器人已经得到了非常广泛的应用，但是关于什么是机器人并没有公认的统一的定义。一般把模拟人类的外形、认知和决策等功能的人造机器称为机器人。例如，目前广泛应用的工业机器人主要模拟的是人类手臂的动作和功能。

1.2　机器人的分类

机器人的分类方法非常多，按照不同的分类标准可以得到不同的机器人类别。例如，可以按模拟人类功能分为工业机器人(手)、移动机器人(脚)和视觉机器人(眼)；也可以根据机器人的结构分为直角坐标机器人、关节机器人和轮式机器人等。根据智能程度则可以将机器人分为以下三类：

示教再现机器人：示教再现与声音和视频的录放含义相同。设置机器人完成工作任务的方法是通过手工或者遥控方式操纵机器人运动，在关键点处记录机器人的位置(相当于录音)。进行作业时把记录的动作再现，即机器人顺序跟踪记忆的位置。因为示教再现机器人能自由地示教动作，所以它可以应用于各种各样的作业，如汽车厂的点焊作业等。因为该类机器人只是简单地重复示教时记忆的动作，所以没有什么智能可言。

感觉控制机器人：这类机器人带有传感器，能对自身的状态和周围的环境进行感知，并对感知信息做出反应。例如带力传感器的工业机器人，当它与环境接触时可以做出相应的反应以避免发生强烈的冲击。另外，一些带有视觉传感器的机器人可以根据视觉信息完成跟踪和避障等任务。该类机器人具有感知—动作型的智能，即能对外界刺激做出反应，属于具有低级智能的机器人。

智能机器人：这类机器人能够通过传感器主动采集工作环境信息，并借助其自我决策推理能力做出相应的动作，如生产线上能对零件进行识别的装配机器人，以及具有学习能力的机器人等。这类机器人能够模拟人的识别能力或者学习能力，是目前机器人研究的主要方向。

另外根据机器人的用途还可以将其分为以下几类：

工业机器人：主要应用在制造领域，多用于完成焊接、喷漆、物料搬运和产品检测等工作任务。

极限作业机器人：工作于人类难以承受的工作环境，如完成清理核废料、太空及海底探索作业等任务的机器人。

军事机器人：用于进攻或防御目的的各种机器人，如扫雷机器人。其中的无人飞机近年来发展非常快，已经成功运用于空中侦察、地面目标攻击等军事任务。

服务机器人：用于医疗和家庭服务，完成病人护理、辅助诊断、手术等任务。服务机器人将继工业机器人之后成为需求最为旺盛的机器人。

娱乐机器人：各种机器人玩具，日本在该领域处于领先地位，中国也有一些公司从事该方面的工作，已经开发出多种机器人玩具。

1.3 机器人的学科领域

机器人学是目前研究十分活跃且被广泛应用的技术之一，机器人学的研究水平已经成为衡量一个国家科学技术水平的重要标志之一。机器人学也是一个典型的多学科交叉研究领域，内容涉及机械学、电子学、控制科学、计算机科学、人工智能和生命科学等多个学科。下面是一些与机器人相关的比较重要的研究领域。

(1) 传感器与感知系统。该领域主要研究适合机器人应用的传感器。构建机器人环境识别认知系统是机器人学研究的重要领域。目前，机器人的认知水平还相对较低，多数成功的应用还是在具有很强的约束下完成的。例如机器人比赛的环境识别还是依靠颜色，而且使用的方法与人类的认知过程相去甚远。

(2) 驱动器与控制系统。该领域主要研究适合机器人应用的驱动器。机器人应用要求驱动器小型化，同时具有比较大的输出功率。目前机器人常用的高性能驱动器——小型直流伺服电机和舵机还远没有达到理想要求，类人机器人关节质量占总体质量的比例还是非常高的。目前机器人主要采用位置伺服控制，与动物的运动控制系统具有非常明显的差别。

(3) 机器人用计算机系统。单片机或DSP类的系统开发比较困难，而且经常达不到机器人系统的性能要求。通用的笔记本电脑对于一些机器人系统来说，质量和体积还是太大，且通用计算机的大多数功能对机器人系统是没用的。因此，开发质量轻、体积小、计算能力强且方便开发的机器人用计算机系统对机器人的研究和应用是非常重要的。

(4) 机器人应用系统。不论任何研究，必须有实际的应用需求，尤其是成功的商业应用才具有强大的生命力。机器人发展初期工业机器人的广泛应用对机器人研究发展的巨大推动作用就是最好的例证。采用机器人技术来解决实际问题是机器人研究的最主要课题之一。

1.4　机器人的发展趋势

随着相关领域研究和技术的快速发展，机器人已经从初期的固定基座工业机器人发展到轮式移动机器人、足式行走机器人和飞行机器人等诸多领域。机器人的研究和应用几乎涵盖了社会生活的各个领域。

目前机器人研究有两条主线：一条是以日本为主导的娱乐机器人研究，另一条是以欧美为主导的服务机器人研究。

1. 娱乐机器人研究

日本近年来研究开发了多种娱乐机器人，其中最著名的当属本田公司的类人机器人"Asimo"。"Asimo"从形态到动作都比较好地模拟了人类，可以完成跑步、上楼梯和与人类交流等任务(见图 1-1)。"Asimo"机器人的控制系统基本属于位置伺服控制，首先根据稳定性、期望动作等约束规划各关节的期望轨迹，然后采用高性能的伺服电机实现关节轨迹跟踪。另外，Sony 公司的类人机器人可以完成优美的舞蹈动作，早期用于机器人比赛的机器狗也非常具有娱乐效果。

图 1-1　"Asimo"表演踢球

2. 服务机器人研究

欧美在机器人学的研究方面选择了与日本不同的路线，研究的重点是机器人的服务应用领域，其中比较有影响的是波士顿动力实验室 2005 年开发并向外界发布的四足机器人"BigDog(大狗)"。"大狗"可以在崎岖的山路甚至光滑的冰面上稳定行走，在试验中工作人员狠狠地踹了"大狗"一脚，它的反应和真正的动物一样，沿着受力方向快速移动并马上恢复正常行走状态。最近，波士顿动力实验室又发布了他们开发的双足机器人，机器人的行走和对外界环境的反应均与人类十分相似。图 1-2 是"大狗"在山路上行走的情景。

图 1-2　在山路上行走的“大狗”

机器人研究的另一个成功例子是被动行走机器人。该研究采用与传统轨迹跟踪控制完全不同的思路，充分利用了系统的动力学特性，系统的能量效率得到了非常大的提升。2005 年美国康乃尔大学、麻省理工学院和荷兰代尔伏特理工大学在美国《Science》杂志上发表了关于采用被动行走技术的双足机器人的文章。该双足机器人的行走步态和能量效率与人类十分相似。另外，在军事应用方面，穿戴助力机器人可以使战士背负更重的装备，假肢机器人(见图 1-3)可以使腿残疾的人和正常人一样行走。

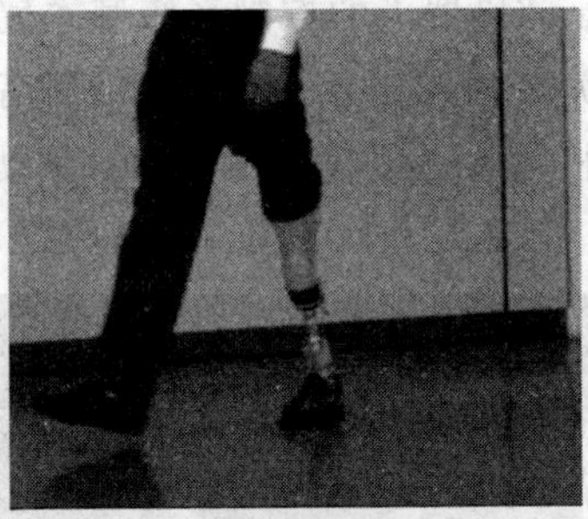

图 1-3　假肢机器人

服务机器人研究的另一个热点领域——家庭服务机器人研究，目前已经得到了国内外学者的广泛关注。近年来欧盟各国、日本、韩国和中国都启动了服务机器人研究计划，中国 863 计划的服务机器人重大项目一期投入经费 4648 万元，资助了 14 个相关项目，2010 年启动了二期项目。随着中国老龄人口比例的迅速增加、劳动力比例的减少，各种服务机器人，尤其是家庭服务机器人具有非常大的社会需求。据国际机器人联合会(IFR)2009 年统计，到 2008 年年底，服务机器人的市场达 112 亿美元，家庭服务机器人达 440 万台。IFR 预测 2009 — 2012 年间家庭服务机器人销售将达到 480 万台，具有广阔的市场前景。为了促进家庭服务机器人技术的发展，国际 RoboCup 机器人竞赛从 2006 年开始增加家庭服务机器人比赛项目，从 2007 年起该项目列为中国 RoboCup 机器人竞赛正式比赛项目。中国科技大学、上海交通大学和上海大学等家庭服务机器人队伍在目标识别、小型物体的抓取等方面达到了较高的水平。

家庭服务机器人的关键技术主要包括以下几个方面：

(1) 物体识别技术。机器人需要识别家庭环境，如家具、电器和玩具等。

(2) 人体识别技术。通过人脸检测和识别技术识别主人和陌生人，识别人的动作和表情等。

(3) 动态不确定环境下的自定位、地图创建与导航。家庭环境是动态变化的，如家具等可能移动位置，因此机器人需要在完成自定位的同时完成环境地图创建，并在此基础上实现从当前位置到目标位置的自主导航。

(4) 人机交互与语音识别技术。机器人需要与人类进行交流，人可以通过语音向机器人发布命令，同时机器人可以通过语音向人类进行询问、回答人类的问题、表达机器人完成任务的情况。

(5) 物体操纵技术。机器人需要完成为主人开门、拿食物饮料、清扫房间等任务，因此机械臂是家庭服务机器人必需的装备。

为了让机器人走进家庭，必须很好地解决前面提到的家庭服务机器人的关键技术，而这些技术属于多学科的交叉研究范畴。

1.5 机器人的基本结构

机器人的基本结构如图1-4所示，机器人通过对外部环境的感知和人机接口实现与外部世界的信息交互。机器人系统一般由人机接口子系统(人机接口装置)、控制子系统(控制装置)、驱动子系统(执行装置)和感知子系统(传感装置)等组成。下面以图1-5所示的家庭服务机器人系统为例说明机器人系统的构成。

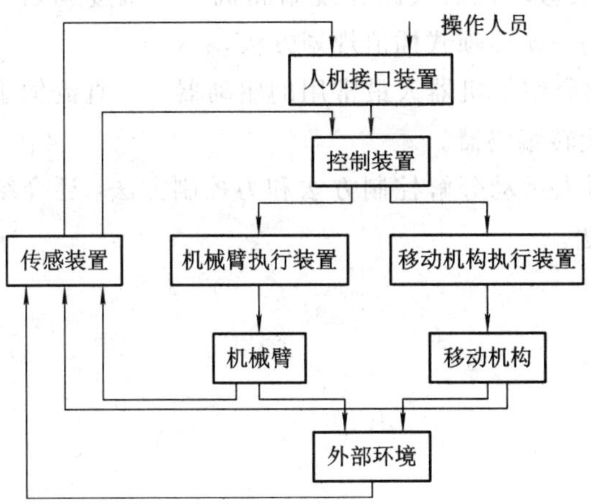

图1-4 机器人基本结构图

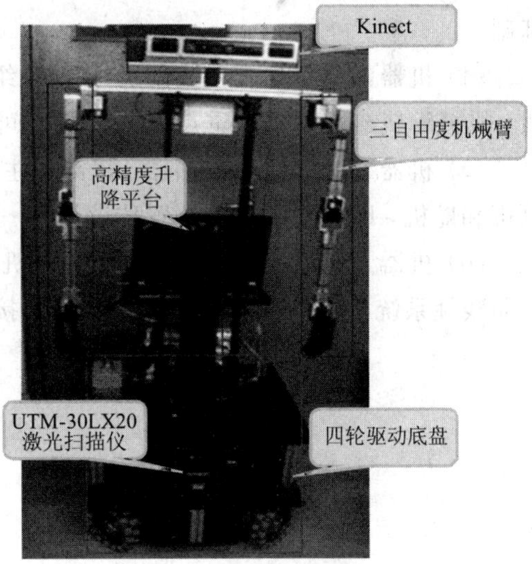

图1-5 家庭服务机器人系统

该机器人是为开展家庭服务机器人相关技术研究而开发的机器人平台，其人机接口子系统主要由语音交互系统构成，采用微软的语音识别与合成库实现人与机器人之间的信息交流。该机器人的控制子系统主要由一台高性能的笔记本电脑构成，根据人的指令和机器人对外部环境的感知控制机器人完成相应的动作。驱动子系统主要由四个直流伺服电机构成的全向移动底盘、六个数字舵机构成的一对两自由度机械手和一个丝杠构成的升降平台组成。整个系统具有5个自由度，可以完成在工作空间内竖直摆放瓶子等物体的抓取任务。若再增加一个腕部的旋转自由度，即可实现任意方位物体的抓取操作。感知子系统由两部分组成：① 由感知外部环境的视觉传感器（微软 Kinect）与距离传感器平面激光扫描雷达组成的外传感器；② 由感知机器人自身状态的多个旋转编码器组成的内传感器。

1.6　本书的主要内容

机器人学是典型的多学科的交叉领域，在较短的时间内学习和掌握所有相关内容是不切合实际的。因此，本书将重点介绍机器人学中最基础和重要的部分，希望通过本书的学习读者可以掌握机器人学的基本原理和技术，并为进一步的机器人学研究和应用开发打下良好的基础。

本书主要包括以下内容：

(1) 空间描述与坐标变换：该部分属于机器人学的数学基础知识，是进行机器人运动学分析、机器人定位与导航等研究和应用开发的基础。

(2) 机器人运动学和逆运动学：该部分介绍机器人的运动学和逆运动学问题，包括机器人连杆描述的规范方法，以及典型工业机器人的运动学和逆运动学问题。因为目前大部分机器人采用位置伺服控制，所以运动学分析非常重要。

(3) 机器人静力学与动力学：该部分主要介绍机器人关节力矩与末端环境接触力之间的静力学关系，建立机器人动力学的拉格朗日方法。此部分是机器人控制和仿真研究的基础。

(4) 机器人路径规划：该部分主要介绍了移动机器人路径规划和机械臂轨迹规划方法。机械臂轨迹规划部分重点介绍关节空间的三次多项式插值规划方法。

(5) 机器人驱动器与传感器：该部分主要介绍了机器人最常用的驱动器——直流伺服电机和舵机，以及常用的角位置传感器——旋转编码器。

(6) 机器人控制：该部分主要介绍了机器人运动分解控制方法和力控制方法，还介绍了非线性系统稳定性分析的李雅普诺夫直接法。

第 2 章　空间描述与坐标变换

工业机械臂和移动机器人完成各种任务需要进行相应的运动，而对机器人运动的描述最直观和方便的方法是建立坐标系。对于通用的多关节工业机械手，一般需要建立多个坐标系来描述机械手末端工具的位置和方向、工件的位置和方向等。而对于轮式机器人，至少需要建立场地坐标系和机器人坐标系。如何描述机器人在空间的位置和方位，以及不同坐标系间各种描述的变换关系是本章将要介绍的主要内容。

2.1　位置姿态表示与坐标系描述

忽略机器人的变形影响，机器人可以抽象为由一个(或者多个)刚体。刚体在空间中的位置可以用质心的位置和刚体的方位来描述，实现描述的工具是坐标系。在机器人学中假设存在一个世界坐标系，所有描述都可以参照这个坐标系或者用世界坐标系定义的坐标系。

1. 位置描述

假设已经建立了坐标系，我们可以用一个 3×1 的位置矢量对世界坐标系中的任何点进行定位。因为经常需要定义多个坐标系来描述机器人的几何关系和运动，在描述一个位置矢量的时候需要指明是用哪一个坐标系描述的。如图 2-1 表示的一个坐标系和位置矢量，用三个单位正交基矢量表示坐标系$\{A\}$，坐标原点和沿坐标轴的单位矢量均用下标“A”表示它们属于$\{A\}$坐标系。矢量${}^{A}\boldsymbol{p}$ 表示箭头指向点的位置矢量，其中右上角标“A”表示该点是用$\{A\}$坐标系描述的。位置矢量${}^{A}\boldsymbol{p}$ 可以用分量表示为

$$
{}^{A}\boldsymbol{p}=\begin{bmatrix}p_x\\p_y\\p_z\end{bmatrix} \tag{2-1}
$$

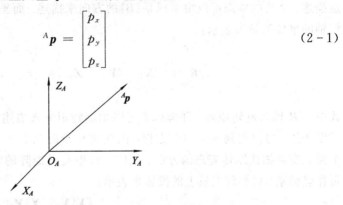

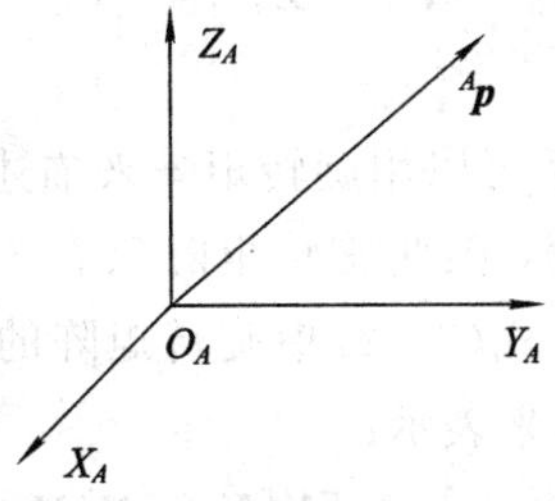

图 2-1　坐标系和位置矢量

2. 姿态描述

一个刚体除了需要描述它的位置外，还需要描述它的方位(姿态)。任意平面刚体都可

以用三个参数(x, y, θ)唯一描述其姿态。例如图 2-2 所示的机器人，为了完整描述地面上的机器人，除了机器人的位置(质心 O_B坐标 x, y)以外，还需要知道机器人的方位(头的方向 θ)。平面机器人位置一般用两个坐标系来描述，一个是固定的场地坐标系$\{A\}$，另一个是与机器人固连在一起的机器人(运动)坐标系$\{B\}$。机器人的位姿可以用机器人坐标系$\{B\}$的原点和坐标轴在固定坐标系$\{A\}$中的方向来描述。

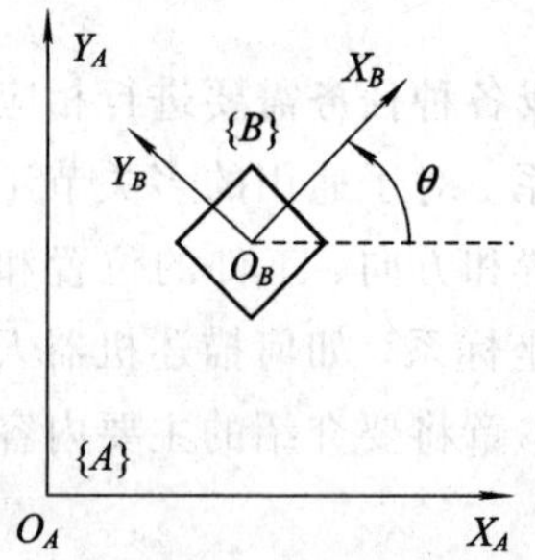

图 2-2　平面机器人位姿表示

三维刚体的描述比较复杂，如图2-3 所示的机械手末端工具，需要描述工具的空间位置和姿态(方位)，三维姿态的描述一般通过固定在物体上的坐标系来实现。

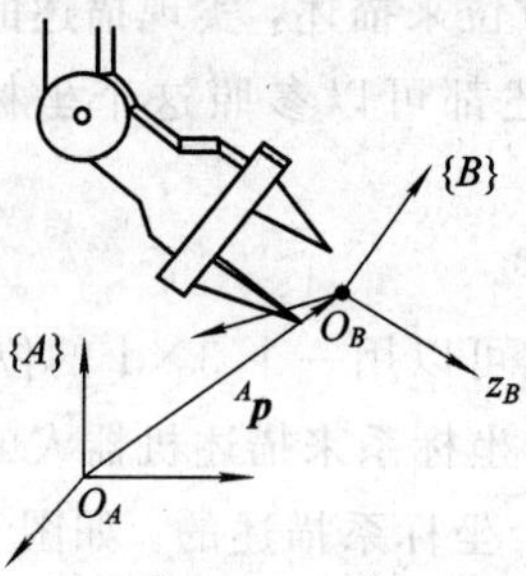

图 2-3　机械手末端工具及坐标系

图 2-3 中坐标系$\{B\}$与机械手末端工具固连，工具的位置可以用固连坐标系$\{B\}$的原点描述、工具的姿态可以由坐标系$\{B\}$的方向来描述。而坐标系$\{B\}$的方向可以用沿三个坐标轴的单位矢量来表示：

$$^A_B\boldsymbol{R} = [\,^A\boldsymbol{X}_B \quad ^A\boldsymbol{Y}_B \quad ^A\boldsymbol{Z}_B\,] = \begin{bmatrix} r_{11} & r_{12} & r_{13} \\ r_{21} & r_{22} & r_{23} \\ r_{31} & r_{32} & r_{33} \end{bmatrix} \tag{2-2}$$

式中，$^A_B\boldsymbol{R}$ 称为旋转矩阵，即坐标系可以用旋转矩阵来描述。根据坐标矢量的正交性和单位长度条件，可以得到 6 个约束方程，因此旋转矩阵只有 3 个独立变量，后面将介绍采用 3 个独立变量描述刚体姿态的方法。式(2-2)中旋转矩阵的元素可以用坐标系$\{B\}$的单位矢量在坐标系$\{A\}$单位矢量上的投影来表示：

$$^A_B\boldsymbol{R} = [\,^A\boldsymbol{X}_B \quad ^A\boldsymbol{Y}_B \quad ^A\boldsymbol{Z}_B\,] = \begin{bmatrix} \boldsymbol{X}_A^{\mathrm{T}}\boldsymbol{X}_B & \boldsymbol{X}_A^{\mathrm{T}}\boldsymbol{Y}_B & \boldsymbol{X}_A^{\mathrm{T}}\boldsymbol{Z}_B \\ \boldsymbol{Y}_A^{\mathrm{T}}\boldsymbol{X}_B & \boldsymbol{Y}_A^{\mathrm{T}}\boldsymbol{Y}_B & \boldsymbol{Y}_A^{\mathrm{T}}\boldsymbol{Z}_B \\ \boldsymbol{Z}_A^{\mathrm{T}}\boldsymbol{X}_B & \boldsymbol{Z}_A^{\mathrm{T}}\boldsymbol{Y}_B & \boldsymbol{Z}_A^{\mathrm{T}}\boldsymbol{Z}_B \end{bmatrix} = \begin{bmatrix} ^B\boldsymbol{X}_A^{\mathrm{T}} \\ ^B\boldsymbol{Y}_A^{\mathrm{T}} \\ ^B\boldsymbol{Z}_A^{\mathrm{T}} \end{bmatrix} \tag{2-3}$$

式(2-3)中内积运算的矢量都是在坐标系$\{A\}$下表示的，因此，为了简单省略了矢量

的上标。事实上，矢量的内积与所选择的坐标系无关，由矢量内积的定义得

$$r_{11}=\boldsymbol{X}_B\cdot\boldsymbol{X}_A=\boldsymbol{X}_B^{\mathrm{T}}\boldsymbol{X}_A=\|\boldsymbol{X}_B\|\|\boldsymbol{X}_A\|\cos\theta=\cos\theta \tag{2-4}$$

式中，θ 表示矢量 $\boldsymbol{X}_B$ 和 $\boldsymbol{X}_A$ 的夹角；$\|\boldsymbol{X}_B\|$ 表示矢量的长度。因为 $\boldsymbol{X}_B$ 是单位矢量，所以 $\|\boldsymbol{X}_B\|=1$。式(2－4)表明，r_{11} 是两个坐标系 X 轴夹角的余弦，旋转矩阵的其余元素的表示与式(2－4)类似，因此，旋转矩阵的元素也称为方向余弦。

旋转矩阵 ${}_B^A\boldsymbol{R}$ 是用坐标系$\{A\}$来表示坐标系$\{B\}$沿坐标轴方向单位矢量组成的矩阵，同样我们也可以用坐标系$\{B\}$来表示坐标系$\{A\}$的单位矢量得到旋转矩阵 ${}_A^B\boldsymbol{R}$ 。

$${}_A^B\boldsymbol{R}=\begin{bmatrix}{}^B\boldsymbol{X}_A & {}^B\boldsymbol{Y}_A & {}^B\boldsymbol{Z}_A\end{bmatrix}=\begin{bmatrix}\boldsymbol{X}_B^{\mathrm{T}}\boldsymbol{X}_A & \boldsymbol{X}_B^{\mathrm{T}}\boldsymbol{Y}_A & \boldsymbol{X}_B^{\mathrm{T}}\boldsymbol{Z}_A\\ \boldsymbol{Y}_B^{\mathrm{T}}\boldsymbol{X}_A & \boldsymbol{Y}_B^{\mathrm{T}}\boldsymbol{Y}_A & \boldsymbol{Y}_B^{\mathrm{T}}\boldsymbol{Z}_A\\ \boldsymbol{Z}_B^{\mathrm{T}}\boldsymbol{X}_A & \boldsymbol{Z}_B^{\mathrm{T}}\boldsymbol{Y}_A & \boldsymbol{Z}_B^{\mathrm{T}}\boldsymbol{Z}_A\end{bmatrix}=\begin{bmatrix}{}^A\boldsymbol{X}_B^{\mathrm{T}}\\ {}^A\boldsymbol{Y}_B^{\mathrm{T}}\\ {}^A\boldsymbol{Z}_B^{\mathrm{T}}\end{bmatrix} \tag{2-5}$$

对比式(2－3)和式(2－5)可知两个旋转矩阵互为转置，再根据正交矩阵的性质可得以下关系：

$${}_A^B\boldsymbol{R}={}_B^A\boldsymbol{R}^{\mathrm{T}}={}_B^A\boldsymbol{R}^{-1} \tag{2-6}$$

根据坐标系单位矢量的正交关系可以验证式(2－6)成立。

$${}_B^A\boldsymbol{R}^{\mathrm{T}}\,{}_B^A\boldsymbol{R}=\begin{bmatrix}{}^A\boldsymbol{X}_B^{\mathrm{T}}\\ {}^A\boldsymbol{Y}_B^{\mathrm{T}}\\ {}^A\boldsymbol{Z}_B^{\mathrm{T}}\end{bmatrix}\begin{bmatrix}{}^A\boldsymbol{X}_B & {}^A\boldsymbol{Y}_B & {}^A\boldsymbol{Z}_B\end{bmatrix}=\begin{bmatrix}1&0&0\\0&1&0\\0&0&1\end{bmatrix} \tag{2-7}$$

3. 坐标系描述

从前面介绍的位置和姿态描述可知，刚体的位姿可以用固连在刚体上的坐标系来描述，坐标原点表示刚体的位置，坐标轴的方向表示刚体的姿态。因此，固连坐标系把刚体位姿描述问题转化为坐标系的描述问题。图 2－3 中坐标系$\{B\}$可以在固定坐标系$\{A\}$中描述为

$$\{B\}=\{{}_B^A\boldsymbol{R},{}^A\boldsymbol{P}_{BO}\} \tag{2-8}$$

旋转矩阵 ${}_B^A\boldsymbol{R}$ 描述坐标系$\{B\}$的姿态，矢量 ${}^A\boldsymbol{P}_{BO}$ 描述坐标系$\{B\}$的原点位置。

2.2 坐标变换

在机器人学中，经常需要用不同坐标系描述同一个量。为了确定从一个坐标系的描述到另一个坐标系的描述之间的关系，需要研究空间点在不同坐标系之间的坐标变换。

1. 平移坐标变换

在图 2－4 中，${}^B\boldsymbol{P}$ 为坐标系$\{B\}$描述的某一空间位置，同样，我们也可以用 ${}^A\boldsymbol{P}$(坐标系$\{A\}$)描述同一空间位置。假设坐标系$\{A\}$和坐标系$\{B\}$姿态相同，则坐标系$\{B\}$可以理解为坐标系$\{A\}$的平移。${}^A\boldsymbol{P}_{BO}$ 称为坐标系$\{B\}$相对坐标系$\{A\}$的平移矢量，也可以理解为坐标系$\{B\}$原点在坐标系$\{A\}$描述下的位置矢量。因为两个坐标系具有相同的姿态，同一个点在不同坐标系下的描述满足以下关系

$${}^A\boldsymbol{P}={}^B\boldsymbol{P}+{}^A\boldsymbol{P}_{BO} \tag{2-9}$$

式(2－9)表明了不同坐标系描述同一个点位置矢量之间的变换关系，变换关系由平移矢量 ${}^A\boldsymbol{P}_{BO}$ 唯一确定。可以从另外一个角度理解式(2－9)表示的变换关系，假设开始坐标系

$\{B\}$与坐标系$\{A\}$重合，矢量${}^{B}\boldsymbol{P}$与坐标系$\{B\}$固定，将坐标系$\{B\}$连同矢量${}^{B}\boldsymbol{P}$一起平移${}^{A}\boldsymbol{P}_{BO}$。这样理解式(2-9)表示的是同一坐标系描述的位置矢量之间的平移关系。

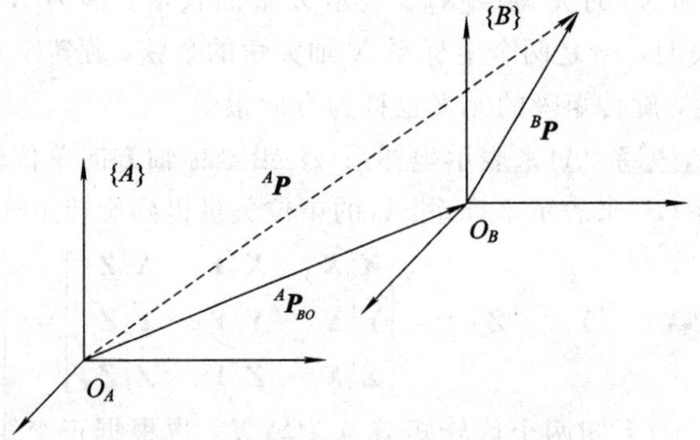

图 2-4　平移坐标变换

2. 旋转坐标变换

假设坐标系$\{A\}$和坐标系$\{B\}$的原点重合，但两者的姿态不同。图 2-5 给出了两个坐标系的示意图，坐标系$\{B\}$的姿态可以用旋转矩阵 ${}^{A}_{B}\boldsymbol{R}$ 描述。旋转坐标变换的任务是已知坐标系$\{B\}$描述的一个点的位置矢量${}^{B}\boldsymbol{P}$ 和旋转矩阵${}^{A}_{B}\boldsymbol{R}$，求在坐标系$\{A\}$下描述同一个点的位置矢量${}^{A}\boldsymbol{P}$。为了得到在坐标系$\{A\}$下表示的位置矢量，我们计算该矢量在坐标系$\{A\}$三个坐标轴上的投影：

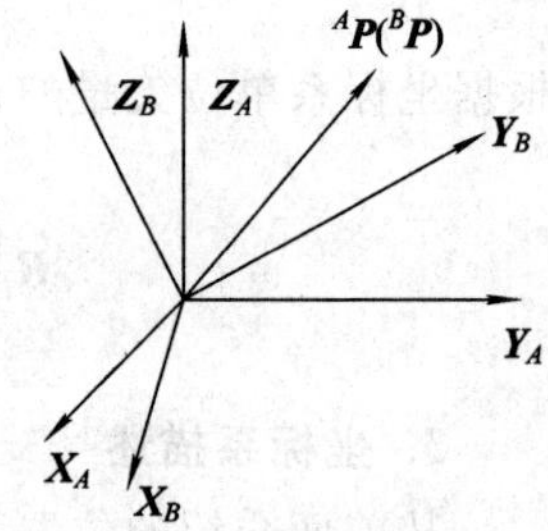

图 2-5　旋转坐标变换

$$\begin{cases} {}^{A}p_x = {}^{B}\boldsymbol{X}_A^{\mathrm{T}}\,{}^{B}\boldsymbol{P} \\ {}^{A}p_y = {}^{B}\boldsymbol{Y}_A^{\mathrm{T}}\,{}^{B}\boldsymbol{P} \\ {}^{A}p_z = {}^{B}\boldsymbol{Z}_A^{\mathrm{T}}\,{}^{B}\boldsymbol{P} \end{cases} \tag{2-10}$$

将式(2-10)写成矩阵形式得(参见(2-3)式)

$$ {}^{A}\boldsymbol{P} = \begin{bmatrix} {}^{B}\boldsymbol{X}_A^{\mathrm{T}} \\ {}^{B}\boldsymbol{Y}_A^{\mathrm{T}} \\ {}^{B}\boldsymbol{Z}_A^{\mathrm{T}} \end{bmatrix} {}^{B}\boldsymbol{P} = {}^{A}_{B}\boldsymbol{R}\,{}^{B}\boldsymbol{P} \tag{2-11}$$

式(2-11)即为我们要求的旋转变换关系，该变换是通过两个坐标系之间的旋转变换实现的。式(2-11)实现了空间点在不同坐标系下描述的转换，下面用平面旋转坐标变换的例子说明上述算法。

例 2-1　图 2-6 给出了两个平面坐标系的位置关系，计算旋转变换矩阵${}^{A}_{B}\boldsymbol{R}$ 和同一矢量 $\boldsymbol{P}$ 在两个坐标系下表示之间的关系，假设矢量长度为 r。

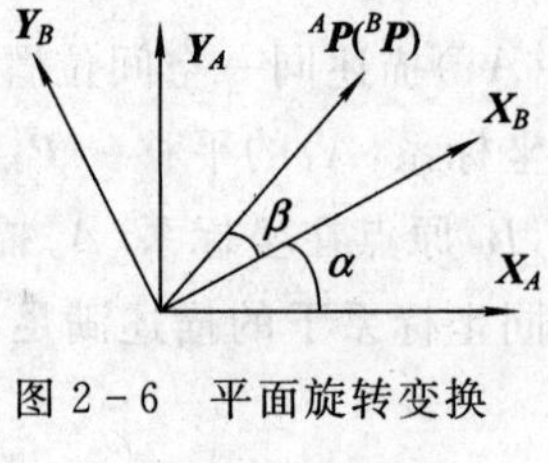

图 2-6　平面旋转变换

解：因为坐标轴为单位矢量，根据几何关系得

$$\begin{cases} {}^{A}\boldsymbol{X}_B = +\cos\alpha\boldsymbol{X}_A + \sin\alpha\boldsymbol{Y}_A \\ {}^{A}\boldsymbol{Y}_B = -\sin\alpha\boldsymbol{X}_A + \cos\alpha\boldsymbol{Y}_A \end{cases}$$

所以，根据式(2-3)可知旋转变换矩阵为

$$ {}^{A}_{B}\boldsymbol{R} = \begin{bmatrix} \cos\alpha & -\sin\alpha \\ \sin\alpha & \cos\alpha \end{bmatrix} $$

再根据式(2-11)可得矢量间的变换关系

$$ \begin{aligned} {}^{A}\boldsymbol{P} = {}^{A}_{B}\boldsymbol{R}\,{}^{B}\boldsymbol{P} &= \begin{bmatrix} \cos\alpha & -\sin\alpha \\ \sin\alpha & \cos\alpha \end{bmatrix} \begin{bmatrix} r\cos\beta \\ r\sin\beta \end{bmatrix} \\ &= r\begin{bmatrix} \cos\alpha\cos\beta - \sin\alpha\sin\beta \\ \cos\alpha\sin\beta + \sin\alpha\cos\beta \end{bmatrix} \\ &= r\begin{bmatrix} \cos(\alpha+\beta) \\ \sin(\alpha+\beta) \end{bmatrix} \end{aligned} $$

观察图 2-6，根据几何关系直接计算 $\boldsymbol{P}$ 在$\{A\}$下的表示显然与上式相同，印证了坐标变换方法的正确性。

也可以从另一个角度获得矢量 $\boldsymbol{P}$ 在$\{A\}$下的表示，首先将矢量在$\{B\}$下表示

$$ {}^{B}\boldsymbol{P} = r\cos\beta\boldsymbol{X}_B + r\sin\beta\boldsymbol{Y}_B $$

再根据前面的结果，将坐标系$\{B\}$的基矢量用坐标系$\{A\}$的基矢量表示，得

$$ \begin{aligned} {}^{A}\boldsymbol{P} &= r\cos\beta\,{}^{A}\boldsymbol{X}_B + r\sin\beta\,{}^{A}\boldsymbol{Y}_B \\ &= r(\cos\beta\cos\alpha - \sin\beta\sin\alpha)\boldsymbol{X}_A + r(\cos\beta\sin\alpha + \sin\beta\cos\alpha)\boldsymbol{Y}_A \\ &= r\cos(\alpha+\beta)\boldsymbol{X}_A + r\sin(\alpha+\beta)\boldsymbol{Y}_A \end{aligned} $$

结果与前面计算的相同。

前面分别介绍了平移和旋转坐标变换，如果两个坐标系之间既存在平移又存在旋转关系，如何计算同一个空间点在两个坐标系下描述的变换关系？

图 2-7 给出了两个坐标系关系的示意图，为了得到位置矢量${}^{B}\boldsymbol{P}$ 和${}^{A}\boldsymbol{P}$ 之间的变换关系，我们建立一个中间坐标系$\{C\}$。坐标系$\{C\}$与坐标系$\{B\}$原点重合，且与坐标系$\{A\}$的姿态相同。通过引入坐标系$\{C\}$，可以采用前面介绍的平移与旋转变换得到一般情况下的变换关系：

$$ {}^{C}\boldsymbol{P} = {}^{C}_{B}\boldsymbol{R}\,{}^{B}\boldsymbol{P} = {}^{A}_{B}\boldsymbol{R}\,{}^{B}\boldsymbol{P} \tag{2-12} $$

$$ {}^{A}\boldsymbol{P} = {}^{C}\boldsymbol{P} + {}^{A}\boldsymbol{P}_{CO} = {}^{A}_{B}\boldsymbol{R}\,{}^{B}\boldsymbol{P} + {}^{A}\boldsymbol{P}_{BO} \tag{2-13} $$

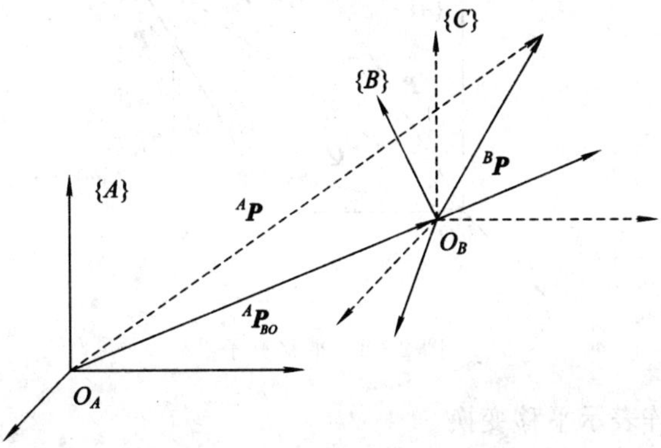

图 2-7　复合变换

2.3 齐次坐标变换

式(2-13)表示了一般情况下的变换关系，在机器人学中经常需要计算多个坐标系之间的坐标变换，采用上述表达不够简明和清楚。因此，常用所谓的“齐次坐标变换”来描述坐标系之间的变换关系。坐标变换式(2-13)可以写成以下形式

$$\begin{bmatrix} {}^{A}\boldsymbol{P} \\ 1 \end{bmatrix} = \begin{bmatrix} {}^{A}_{B}\boldsymbol{R} & {}^{A}\boldsymbol{P}_{BO} \\ 0 & 1 \end{bmatrix} \begin{bmatrix} {}^{B}\boldsymbol{P} \\ 1 \end{bmatrix} \tag{2-14}$$

将位置矢量用 4×1 矢量表示，增加 1 维的数值恒为 1，我们仍然用原来的符号表示 4 维位置矢量并采用以下符号表示坐标变换矩阵

$${}^{A}_{B}\boldsymbol{T} = \begin{bmatrix} {}^{A}_{B}\boldsymbol{R} & {}^{A}\boldsymbol{P}_{BO} \\ 0 & 1 \end{bmatrix} \tag{2-15}$$

可以得到齐次坐标变换关系

$${}^{A}\boldsymbol{P} = {}^{A}_{B}\boldsymbol{T}\,{}^{B}\boldsymbol{P} \tag{2-16}$$

${}^{A}_{B}\boldsymbol{T}$ 是 4×4 矩阵，称为齐次坐标变换矩阵。${}^{A}_{B}\boldsymbol{T}$ 可以理解为坐标系{B}在固定坐标系{A}中的描述。齐次坐标变换的主要作用是表达简洁，同时在表示多个坐标变换的时候比较方便。

2.4 齐次变换算子

1. 平移算子

上面介绍了同一个点在不同坐标系下描述的变换关系(见式(2-16))。在机器人学中还经常用到下面的变换，如图 2-8 所示，矢量${}^{A}\boldsymbol{P}_1$沿矢量${}^{A}\boldsymbol{Q}$ 平移至${}^{A}\boldsymbol{Q}$ 的终点，得一矢量${}^{A}\boldsymbol{P}_2$。已知${}^{A}\boldsymbol{P}_1$和${}^{A}\boldsymbol{Q}$，求${}^{A}\boldsymbol{P}_2$的过程称之为平移变换，与前面不同，这里只涉及单一坐标系。

$${}^{A}\boldsymbol{P}_2 = {}^{A}\boldsymbol{P}_1 + {}^{A}\boldsymbol{Q} \tag{2-17}$$

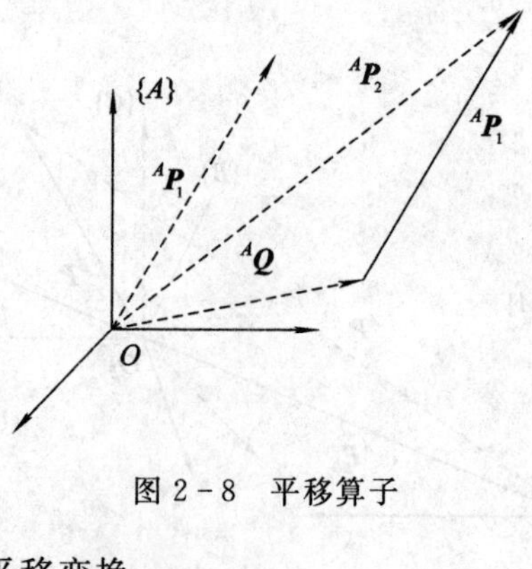

图 2-8 平移算子

可以采用齐次变换矩阵表示平移变换

$${}^{A}\boldsymbol{P}_2 = \mathrm{Trans}({}^{A}\boldsymbol{Q})\,{}^{A}\boldsymbol{P}_1 \tag{2-18}$$

Trans(${}^{A}\boldsymbol{Q}$)称为平移算子，其表达式为

$$\mathrm{Trans}({}^{A}\boldsymbol{Q}) = \begin{bmatrix} \boldsymbol{I} & {}^{A}\boldsymbol{Q} \\ 0 & 1 \end{bmatrix} \tag{2-19}$$

其中 $\boldsymbol{I}$ 是 3×3 单位矩阵。例如若 ${}^{A}\boldsymbol{Q}=a\boldsymbol{i}+b\boldsymbol{j}+c\boldsymbol{k}$，其中 $\boldsymbol{i}$、$\boldsymbol{j}$ 和 $\boldsymbol{k}$ 分别表示坐标系$\{A\}$三个坐标轴的单位矢量，则平移算子表示为

$$\mathrm{Trans}(a,b,c) = \begin{bmatrix} 1 & 0 & 0 & a \\ 0 & 1 & 0 & b \\ 0 & 0 & 1 & c \\ 0 & 0 & 0 & 1 \end{bmatrix} \tag{2-20}$$

2. 旋转算子

同样，我们可以研究矢量在同一坐标系下的旋转变换，如图 2-9所示，${}^{A}\boldsymbol{P}_1$绕 Z 轴转 θ 角得到${}^{A}\boldsymbol{P}_2$。则

$${}^{A}\boldsymbol{P}_2 = \mathrm{Rot}(z,\theta){}^{A}\boldsymbol{P}_1 \tag{2-21}$$

$\mathrm{Rot}(z,\theta)$称为旋转算子，其表达式为

$$\mathrm{Rot}(z,\theta) = \begin{bmatrix} \mathrm{c}\,\theta & -\mathrm{s}\,\theta & 0 & 0 \\ \mathrm{s}\,\theta & \mathrm{c}\,\theta & 0 & 0 \\ 0 & 0 & 1 & 0 \\ 0 & 0 & 0 & 1 \end{bmatrix} \tag{2-22}$$

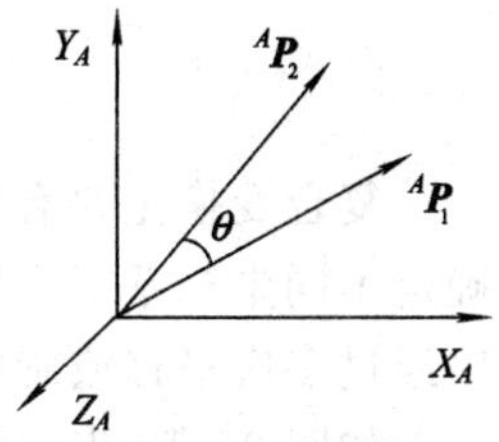

图 2-9　旋转算子

同理，可以得到绕 X 轴和 Y 轴的旋转算子

$$\begin{cases} \mathrm{Rot}(x,\theta) = \begin{bmatrix} 1 & 0 & 0 & 0 \\ 0 & \mathrm{c}\,\theta & -\mathrm{s}\,\theta & 0 \\ 0 & \mathrm{s}\,\theta & \mathrm{c}\,\theta & 0 \\ 0 & 0 & 0 & 1 \end{bmatrix} \\ \mathrm{Rot}(y,\theta) = \begin{bmatrix} \mathrm{c}\,\theta & 0 & \mathrm{s}\,\theta & 0 \\ 0 & 1 & 0 & 0 \\ -\mathrm{s}\,\theta & 0 & \mathrm{c}\,\theta & 0 \\ 0 & 0 & 0 & 1 \end{bmatrix} \end{cases} \tag{2-23}$$

式中“c”，“s”分别代表“cos”和“sin”。

定义了平移算子和旋转算子以后，可以将它们复合实现复杂的映射关系。变换算子与前面介绍的坐标变换矩阵形式完全相同，因为所有描述均在同一坐标系下，所以不需上下标描述(坐标系)。

$${}^{A}\boldsymbol{P}_2 = \boldsymbol{T}{}^{A}\boldsymbol{P}_1 \tag{2-24}$$

例 2-2　已知矢量${}^{A}\boldsymbol{P}_1=[3\ 7\ 0]^{\mathrm{T}}$，先将其绕 Z_A旋转 30°，再沿 X_A轴平移 10 个单位、沿 Y_A轴平移 5 个单位，计算变换后得到的矢量${}^{A}\boldsymbol{P}_2$。

解：根据式(2-15)得变换算子：

$$\boldsymbol{T} = \begin{bmatrix} \cos30^\circ & -\sin30^\circ & 0 & 10 \\ \sin30^\circ & \cos30^\circ & 0 & 5 \\ 0 & 0 & 1 & 0 \\ 0 & 0 & 0 & 1 \end{bmatrix} = \begin{bmatrix} 0.866 & -0.5 & 0 & 10 \\ 0.5 & 0.866 & 0 & 5 \\ 0 & 0 & 1 & 0 \\ 0 & 0 & 0 & 1 \end{bmatrix}$$

$${}^{A}\boldsymbol{P}_2 = \boldsymbol{T}{}^{A}\boldsymbol{P}_1 = [9.098\quad 12.562\quad 0]^{\mathrm{T}}$$

3. 齐次坐标变换总结

(1) 坐标系的描述。${}^{A}_{B}\boldsymbol{T}$ 表示坐标系{B}在坐标系{A}下的描述，${}^{A}_{B}\boldsymbol{R}$ 的各列是坐标系{B}三个坐标轴方向的单位矢量，而${}^{A}\boldsymbol{P}_{BO}$表示坐标系{$B$}原点位置。

(2) 不同坐标系间的坐标变换。如${}^{A}\boldsymbol{P}={}^{A}_{B}\boldsymbol{T}{}^{B}\boldsymbol{P}$。

(3) 同一坐标系内的变换算子。如${}^{A}\boldsymbol{P}_2=\boldsymbol{T}{}^{A}\boldsymbol{P}_1$。

齐次坐标变换是复杂空间变换的基础，必须认真理解和掌握。具体应用的关键是理解它代表的是上面三种含义的哪一种，而不是简单的套用公式。

2.5 复合变换

复合变换主要有两种应用形式，一种是建立了多个坐标系描述机器人的位姿，任务是确定不同坐标系下对同一个量描述之间的关系；另一种是一个空间点在同一个坐标系内顺序经过多次平移或旋转变换，任务是确定多次变换后点的位置。

如图 2-10 表示的三个坐标系，已知坐标系{A}、{B}和{C}之间的变换矩阵${}^{A}_{B}\boldsymbol{T}$，${}^{B}_{C}\boldsymbol{T}$ 和位置矢量${}^{C}\boldsymbol{P}$，求在坐标系{A}下表示同一个点的位置矢量${}^{A}\boldsymbol{P}$。先计算在坐标系{B}下表示同一个点的位置矢量${}^{B}\boldsymbol{P}$，然后计算在坐标系{ A }下表示同一个点的位置矢量${}^{A}\boldsymbol{P}$。

$$ {}^{B}\boldsymbol{P}={}^{B}_{C}\boldsymbol{T}{}^{C}\boldsymbol{P} \tag{2-25}$$

$$ {}^{A}\boldsymbol{P}={}^{A}_{B}\boldsymbol{T}{}^{B}\boldsymbol{P}={}^{A}_{B}\boldsymbol{T}{}^{B}_{C}\boldsymbol{T}{}^{C}\boldsymbol{P} \tag{2-26}$$

根据坐标变换的定义得

$$ {}^{A}_{C}\boldsymbol{T}={}^{A}_{B}\boldsymbol{T}{}^{B}_{C}\boldsymbol{T} \tag{2-27}$$

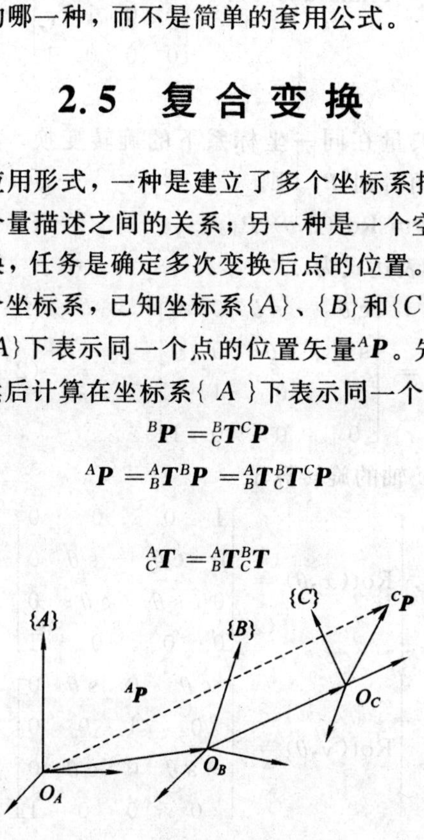

图 2-10　复合坐标变换

例 2-3　已知点 $\boldsymbol{u}=7\boldsymbol{i}+3\boldsymbol{j}+2\boldsymbol{k}$，先对它进行绕 Z 轴旋转 90°的变换得点 $\boldsymbol{v}$，再对点 $\boldsymbol{v}$ 进行绕 Y 轴旋转 90°的变换得点 $\boldsymbol{w}$，求 $\boldsymbol{v}$ 和 $\boldsymbol{w}$。

解：由旋转变换的公式得

$$\boldsymbol{v}=\mathrm{Rot}(z,90°)\boldsymbol{u}=\begin{bmatrix}0&-1&0&0\\1&0&0&0\\0&0&1&0\\0&0&0&1\end{bmatrix}\begin{bmatrix}7\\3\\2\\1\end{bmatrix}=\begin{bmatrix}-3\\7\\2\\1\end{bmatrix}$$

$$\boldsymbol{w}=\mathrm{Rot}(y,90°)\boldsymbol{v}=\begin{bmatrix}0&0&1&0\\0&1&0&0\\-1&0&0&0\\0&0&0&1\end{bmatrix}\begin{bmatrix}-3\\7\\2\\1\end{bmatrix}=\begin{bmatrix}2\\7\\3\\1\end{bmatrix}$$

如果只关心最后的变换结果，可以按下式计算

$$w = \mathrm{Rot}(y,90°)v = \mathrm{Rot}(y,90°)\mathrm{Rot}(z,90°)u = \begin{bmatrix} 0 & 0 & 1 & 0 \\ 1 & 0 & 0 & 0 \\ 0 & 1 & 0 & 0 \\ 0 & 0 & 0 & 1 \end{bmatrix}\begin{bmatrix} 7 \\ 3 \\ 2 \\ 1 \end{bmatrix} = \begin{bmatrix} 2 \\ 7 \\ 3 \\ 1 \end{bmatrix}$$

计算结果与前面的相同，$\boldsymbol{R}=\mathrm{Rot}(y, 90°)\ \mathrm{Rot}(z, 90°)$称为复合旋转算子。图 2-11(a)给出了变换前后点的位置。如果改变旋转顺序，先对它进行绕 Y 轴旋转 90°，再绕 Z 轴旋转 90°，结果如图 2-11(b)所示。比较图 2-11(a)和图 2-11(b)可以发现最后的结果并不相同，即旋转顺序影响变换结果，从数学角度解释就是矩阵乘法不满足交换率，$\mathrm{Rot}(y, 90°)\ \mathrm{Rot}(z, 90°) \neq \mathrm{Rot}(z, 90°)\ \mathrm{Rot}(y, 90°)$。

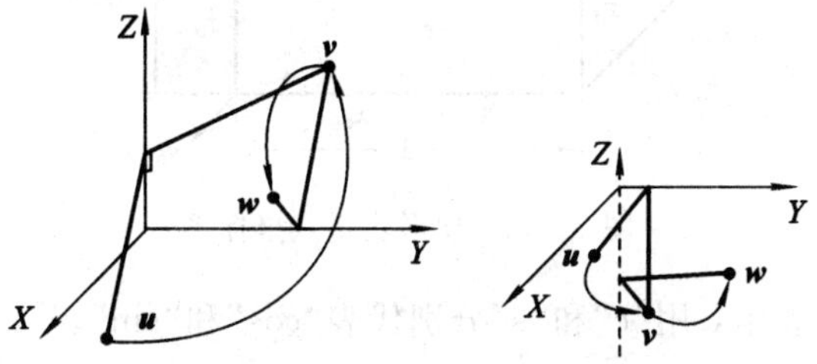

(a) Z→Y 顺序旋转　(b) Y→Z 顺序旋转

图 2-11　旋转顺序对变换结果的影响

2.6　齐次变换的逆变换

已知坐标系{B}相对坐标系{A}的描述${}_B^A\boldsymbol{T}$，求坐标系{A}相对坐标系{B}的描述${}_A^B\boldsymbol{T}$，即为齐次变换的求逆问题。一种直接的方法是采用线性代数中的矩阵求逆，另一种方法是根据变换矩阵的特点直接得出逆变换。后一种方法使用起来更加简单方便。

给定${}_B^A\boldsymbol{T}$ 计算${}_A^B\boldsymbol{T}$ 等价为已知${}_B^A\boldsymbol{R}$ 和${}^A\boldsymbol{P}_{BO}$，求${}_A^B\boldsymbol{R}$ 和${}^B\boldsymbol{P}_{AO}$。根据前面的讨论，旋转矩阵关系为

$$ {}_A^B\boldsymbol{R} = {}_B^A\boldsymbol{R}^{-1} = {}_B^A\boldsymbol{R}^{\mathrm{T}} \tag{2-28}$$

将坐标变换用于坐标系{B}的原点得

$$ {}^B\boldsymbol{P}_{BO} = {}_A^B\boldsymbol{R}\,{}^A\boldsymbol{P}_{BO} + {}^B\boldsymbol{P}_{AO} \tag{2-29}$$

${}^B\boldsymbol{P}_{BO}$是坐标系{B}的原点在坐标系{B}中的描述，显然为零矢量。由式(2-29)得

$$ {}^B\boldsymbol{P}_{AO} = -{}_A^B\boldsymbol{R}\,{}^A\boldsymbol{P}_{BO} = -{}_B^A\boldsymbol{R}^{\mathrm{T}}\,{}^A\boldsymbol{P}_{BO} \tag{2-30}$$

因此，逆变换可以直接用正变换的旋转矩阵和平移矩阵表示

$$ {}_A^B\boldsymbol{T} = \begin{bmatrix} {}_B^A\boldsymbol{R}^{\mathrm{T}} & -{}_B^A\boldsymbol{R}^{\mathrm{T}}\,{}^A\boldsymbol{P}_{BO} \\ 0 & 1 \end{bmatrix} \tag{2-31}$$

逆变换矩阵推导的另一种方法

根据坐标变换式(2-13) ${}^A\boldsymbol{P} = {}_B^A\boldsymbol{R}\,{}^B\boldsymbol{P} + {}^A\boldsymbol{P}_{BO}$ 可得

$$\begin{aligned} {}^B\boldsymbol{P} &= {}_B^A\boldsymbol{R}^{-1}({}^A\boldsymbol{P} - {}^A\boldsymbol{P}_{BO}) = {}_B^A\boldsymbol{R}^{\mathrm{T}}({}^A\boldsymbol{P} - {}^A\boldsymbol{P}_{BO}) \\ &= {}_B^A\boldsymbol{R}^{\mathrm{T}}\,{}^A\boldsymbol{P} - {}_B^A\boldsymbol{R}^{\mathrm{T}}\,{}^A\boldsymbol{P}_{BO} \end{aligned} \tag{2-32}$$

将坐标系{A}到坐标系{B}的变换：

$$ {}^{B}\boldsymbol{P} = {}^{B}_{A}\boldsymbol{R}\,{}^{A}\boldsymbol{P} + {}^{B}\boldsymbol{P}_{AO} \tag{2-33} $$

比较式(2-32)和式(2-33)得

$$ {}^{B}_{A}\boldsymbol{R} = {}^{A}_{B}\boldsymbol{R}^{\mathrm{T}},\ {}^{B}\boldsymbol{P}_{AO} = -{}^{A}_{B}\boldsymbol{R}^{\mathrm{T}}\,{}^{A}\boldsymbol{P}_{BO} $$

结果与前面推导的式(2-31)完全相同。

例 2-4 如图 2-12 给出的楔形块角点坐标系，求齐次坐标变换 ${}^{A}_{B}\boldsymbol{T}$，${}^{B}_{C}\boldsymbol{T}$，${}^{A}_{C}\boldsymbol{T}$。

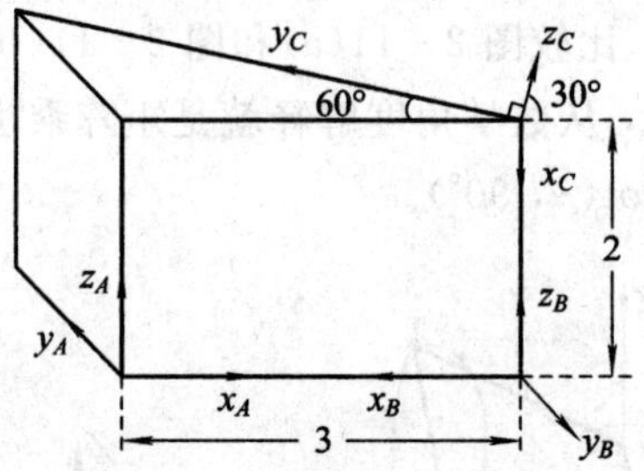

图 2-12 楔形块角点坐标系

解: 为了简化公式表示，用“c”和“s”分别代表“cos”和“sin”。

(1) $\{A\}$沿 x_A 平移 3 个单位，再绕新的 z_A 轴转 180°得 $\{B\}$。

$$ {}^{A}_{B}\boldsymbol{R} = \begin{bmatrix} \mathrm{c}180^\circ & -\mathrm{s}180^\circ & 0 \\ \mathrm{s}180^\circ & \mathrm{c}180^\circ & 0 \\ 0 & 0 & 1 \end{bmatrix} = \begin{bmatrix} -1 & 0 & 0 \\ 0 & -1 & 0 \\ 0 & 0 & 1 \end{bmatrix} $$

因此

$$ {}^{A}_{B}\boldsymbol{T} = \begin{bmatrix} -1 & 0 & 0 & 3 \\ 0 & -1 & 0 & 0 \\ 0 & 0 & 1 & 0 \\ 0 & 0 & 0 & 1 \end{bmatrix} $$

(2) $\{B\}$沿 z_B 平移 2 个单位，然后绕 y_B 轴转 90°再绕新 x_B 轴转 150°得 $\{C\}$。

$$ {}^{B}_{C}\boldsymbol{R} = \begin{bmatrix} \mathrm{c}90^\circ & 0 & \mathrm{s}90^\circ \\ 0 & 1 & 0 \\ -\mathrm{s}90^\circ & 0 & \mathrm{c}90^\circ \end{bmatrix} \begin{bmatrix} 1 & 0 & 0 \\ 0 & \mathrm{c}150^\circ & -\mathrm{s}150^\circ \\ 0 & \mathrm{s}150^\circ & \mathrm{c}150^\circ \end{bmatrix} $$

$$ = \begin{bmatrix} 0 & 0 & 1 \\ 0 & 1 & 0 \\ -1 & 0 & 0 \end{bmatrix} \begin{bmatrix} 1 & 0 & 0 \\ 0 & -\frac{\sqrt{3}}{2} & -\frac{1}{2} \\ 0 & \frac{1}{2} & -\frac{\sqrt{3}}{2} \end{bmatrix} $$

$$ = \begin{bmatrix} 0 & \frac{1}{2} & -\frac{\sqrt{3}}{2} \\ 0 & -\frac{\sqrt{3}}{2} & -\frac{1}{2} \\ -1 & 0 & 0 \end{bmatrix} $$

因此

$$
{}^{A}_{C}\boldsymbol{T}={}^{A}_{B}\boldsymbol{T}{}^{B}_{C}\boldsymbol{T}=\begin{bmatrix}-1&0&0&3\\0&-1&0&0\\0&0&1&0\\0&0&0&1\end{bmatrix}\begin{bmatrix}0&\frac{1}{2}&-\frac{\sqrt{3}}{2}&0\\0&-\frac{\sqrt{3}}{2}&-\frac{1}{2}&0\\-1&0&0&2\\0&0&0&1\end{bmatrix}
$$

$$
=\begin{bmatrix}0&-\frac{1}{2}&\frac{\sqrt{3}}{2}&3\\0&\frac{\sqrt{3}}{2}&\frac{1}{2}&0\\-1&0&0&2\\0&0&0&1\end{bmatrix}
$$

也可以按以下方法计算：

③ $\{A\}$ 沿 x_A 和 z_A 平移 3 个和 2 个单位，然后绕 y_A 轴转 90°，再绕新 x_A 轴转 −30°得 $\{C\}$。

$$
{}^{A}_{C}\boldsymbol{R}=\begin{bmatrix}c90^\circ&0&s90^\circ\\0&1&0\\-s90^\circ&0&c90^\circ\end{bmatrix}\begin{bmatrix}1&0&0\\0&c(-30^\circ)&-s(-30^\circ)\\0&s(-30^\circ)&c(-30^\circ)\end{bmatrix}
$$

$$
=\begin{bmatrix}0&0&1\\0&1&0\\-1&0&0\end{bmatrix}\begin{bmatrix}1&0&0\\0&\frac{\sqrt{3}}{2}&\frac{1}{2}\\0&-\frac{1}{2}&\frac{\sqrt{3}}{2}\end{bmatrix}=\begin{bmatrix}0&-\frac{1}{2}&\frac{\sqrt{3}}{2}\\0&\frac{\sqrt{3}}{2}&\frac{1}{2}\\-1&0&0\end{bmatrix}
$$

因此可以得到相同的结果，

$$
{}^{A}_{C}\boldsymbol{T}=\begin{bmatrix}0&-\frac{1}{2}&\frac{\sqrt{3}}{2}&3\\0&\frac{\sqrt{3}}{2}&\frac{1}{2}&0\\-1&0&0&2\\0&0&0&1\end{bmatrix}
$$

事实上，对于像本例题这种简单的情况，可以直接利用齐次坐标变换的定义得到变换矩阵。即直接写出坐标系 $\{C\}$ 坐标轴矢量在坐标系 $\{A\}$ 下表示的旋转矩阵，平移矢量为坐标系 $\{C\}$ 的原点在坐标系 $\{A\}$ 下的矢量表示。

2.7　变 换 方 程

图 2－13 表示了多个坐标系的关系图，可以用两种不同的方式得到世界坐标系 $\{U\}$ 下坐标系 $\{D\}$ 的描述。

$$
{}^{U}_{D}\boldsymbol{T}={}^{U}_{A}\boldsymbol{T}{}^{A}_{D}\boldsymbol{T} \tag{2-34}
$$

$${}^{U}_{D}\boldsymbol{T}={}^{U}_{B}\boldsymbol{T}\,{}^{B}_{C}\boldsymbol{T}\,{}^{C}_{D}\boldsymbol{T} \tag{2-35}$$

由式(2-34)和式(2-35)可以得到变换方程

$${}^{U}_{A}\boldsymbol{T}\,{}^{A}_{D}\boldsymbol{T}={}^{U}_{B}\boldsymbol{T}\,{}^{B}_{C}\boldsymbol{T}\,{}^{C}_{D}\boldsymbol{T} \tag{2-36}$$

可以利用变换方程(2-36)求解其中任意一个未知变换。例如，假设除 ${}^{U}_{B}\boldsymbol{T}$ 以外其余变换均为已知，则该未知变换可以用下式计算

$${}^{U}_{B}\boldsymbol{T}={}^{U}_{A}\boldsymbol{T}\,{}^{A}_{D}\boldsymbol{T}\,{}^{C}_{D}\boldsymbol{T}^{-1}\,{}^{B}_{C}\boldsymbol{T}^{-1} \tag{2-37}$$

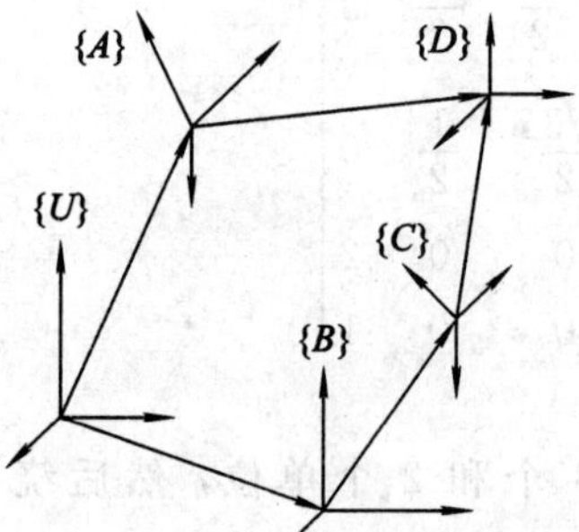

图 2-13　坐标变换序列

我们在坐标系的图形表示方法中，采用从一个坐标系的原点指向另一个坐标系原点的箭头表示坐标系的描述关系。例如在图 2-14 中，相对{D}定义坐标系{A}。在图中将箭头串联起来，通过简单的变换矩阵相乘即可得到起点到终点的坐标系描述。如果一个箭头的方向与串联的方向相反，只需先求出该变换的逆再相乘即可。例如在图 2-14 中坐标系{C}的两种描述为

$${}^{U}_{C}\boldsymbol{T}={}^{U}_{B}\boldsymbol{T}\,{}^{B}_{C}\boldsymbol{T} \tag{2-38}$$

$${}^{U}_{C}\boldsymbol{T}={}^{U}_{A}\boldsymbol{T}\,{}^{D}_{A}\boldsymbol{T}^{-1}\,{}^{D}_{C}\boldsymbol{T} \tag{2-39}$$

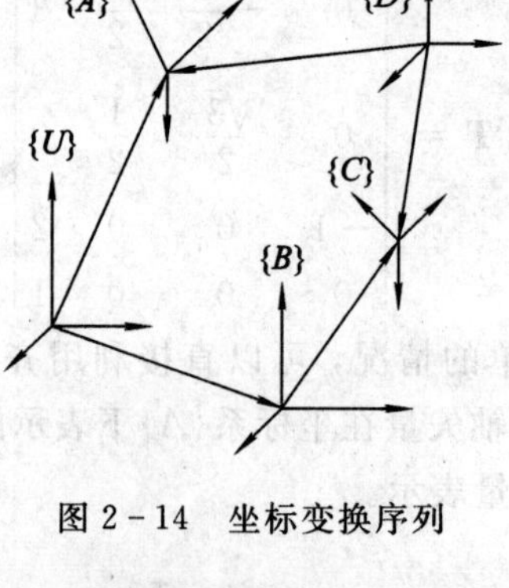

图 2-14　坐标变换序列

例 2-5　假设已知图 2-15 中机械臂末端工具坐标系{T}相对基座坐标系{B}的描述，还已知工作台坐标系{S}相对基座坐标系{B}的描述，并且已知螺栓坐标系{G}相对工作台坐标系{S}的描述。计算螺栓相对机械臂工具坐标系的位姿。

解：添加从工具坐标系{T}原点到螺栓坐标系{G}原点的箭头，可以得到如下变换方程

$${}^{B}_{S}\boldsymbol{T}\,{}^{S}_{G}\boldsymbol{T}={}^{B}_{T}\boldsymbol{T}\,{}^{T}_{G}\boldsymbol{T} \tag{2-40}$$

螺栓相对机械臂工具坐标系的位姿描述为

$$ {}_G^T\boldsymbol{T} = {}_T^B\boldsymbol{T}^{-1}\,{}_S^B\boldsymbol{T}\,{}_G^S\boldsymbol{T} \tag{2-41} $$

在使用工业机械臂完成对工件的操纵时，事先给定机械臂末端工具坐标系的期望位姿，任务是规划机械臂各关节变量的数值，也就是各连杆之间的相对坐标系描述。

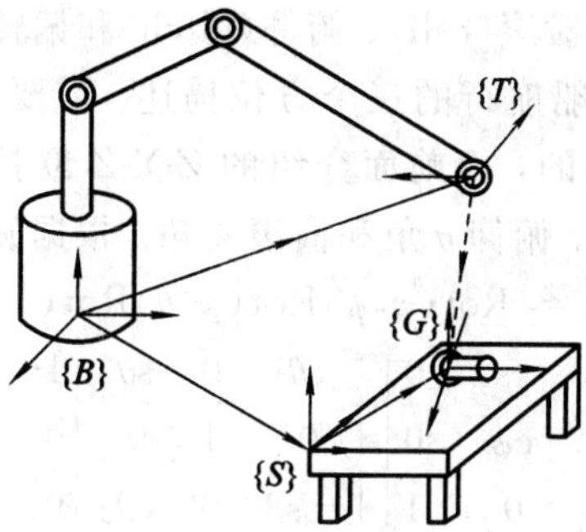

图 2-15　机械臂对螺栓操作

2.8　姿态的欧拉角表示

2.1 节采用 3×3 的旋转矩阵描述了三维刚体的姿态，但 9 个分量中只有 3 个独立的分量。能否使用 3 个独立的分量描述三维刚体的姿态呢？答案是肯定的，比较常用的是下面的 Z-Y-Z 欧拉角描述方法。欧拉角用一个绕 Z 轴旋转 ϕ 角，再绕新的 Y 轴旋转 θ 角，最后绕新的 Z 轴旋转 ψ 角来描述任何可能的姿态，见图 2-16。图中虚线表示旋转形成的新坐标轴。根据旋转关系可以得到变换矩阵

$$ \boldsymbol{R}_{zyz} = \mathrm{Rot}(z,\phi)\mathrm{Rot}(y,\theta)\mathrm{Rot}(z,\psi) \tag{2-42} $$

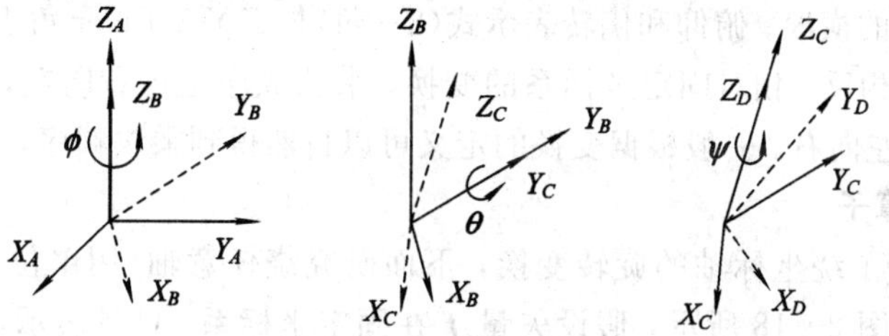

图 2-16　Z-Y-Z 欧拉角

具体计算结果计算如下：

$$ \boldsymbol{R}_{yz} = \mathrm{Rot}(y,\theta)\mathrm{Rot}(z,\psi) = \begin{bmatrix} c\theta & 0 & s\theta \\ 0 & 1 & 0 \\ -s\theta & 0 & c\theta \end{bmatrix} \begin{bmatrix} c\psi & -s\psi & 0 \\ s\psi & c\psi & 0 \\ 0 & 0 & 1 \end{bmatrix} $$

$$ = \begin{bmatrix} c\theta c\psi & -c\theta s\psi & s\theta \\ s\psi & c\psi & 0 \\ -s\theta c\psi & s\theta s\psi & c\theta \end{bmatrix} $$

$$ \boldsymbol{R}_{zyz} = \mathrm{Rot}(z,\phi)\boldsymbol{R}_{yz} = \begin{bmatrix} c\phi & -s\phi & 0 \\ s\phi & c\phi & 0 \\ 0 & 0 & 1 \end{bmatrix} \begin{bmatrix} c\theta c\psi & -c\theta s\psi & s\theta \\ s\psi & c\psi & 0 \\ -s\theta c\psi & s\theta s\psi & c\theta \end{bmatrix} $$

$$=\begin{bmatrix} c\phi c\theta c\psi - s\phi s\psi & -c\phi c\theta s\psi - s\phi c\psi & c\phi s\theta \\ s\phi c\theta c\psi + c\phi s\psi & -s\phi c\theta s\psi + c\phi c\psi & s\phi s\theta \\ -s\theta c\psi & s\theta s\psi & c\theta \end{bmatrix} \tag{2-43}$$

另一种常用的旋转组合是横滚(roll)、俯仰(pitch)和偏转(yaw)。图 2-17 给出了变换的示意图，这三个角度表示了船航行的三个方位描述。需要注意的是，横滚、俯仰和偏转表示都是相对固定坐标系表述的，而前面介绍的 Z-Y-Z 欧拉角描述是相对动坐标系描述的。规定变换顺序为偏转 ψ 角、俯仰 θ 角和横滚 ϕ 角。根据旋转关系可以得到变换矩阵

$$\boldsymbol{R}_{xyz} = \mathrm{Rot}(z,\phi)\mathrm{Rot}(y,\theta)\mathrm{Rot}(x,\psi) \tag{2-44}$$

$$\boldsymbol{R}_{xyz} = \begin{bmatrix} c\phi & -s\phi & 0 \\ s\phi & c\phi & 0 \\ 0 & 0 & 1 \end{bmatrix} \begin{bmatrix} c\theta & 0 & s\theta \\ 0 & 1 & 0 \\ -s\theta & 0 & c\theta \end{bmatrix} \begin{bmatrix} 1 & 0 & 0 \\ 0 & c\psi & -s\psi \\ 0 & s\psi & c\psi \end{bmatrix}$$

$$= \begin{bmatrix} c\phi c\theta & c\phi s\theta s\psi - s\phi c\psi & c\phi s\theta c\psi + s\phi s\psi \\ s\phi c\theta & s\phi s\theta s\psi + c\phi c\psi & s\phi s\theta c\psi - c\phi s\psi \\ -s\theta & c\theta s\psi & c\theta c\psi \end{bmatrix} \tag{2-45}$$

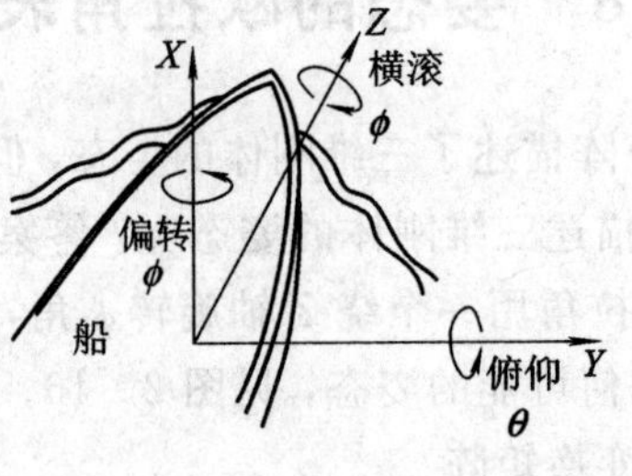

图 2-17　横滚、仰俯和偏转表示姿态

对比旋转矩阵的横滚、俯仰和偏转表示式(2-44)与 Z-Y-Z Euler 角表示式(2-42)，可以发现两者顺序恰好相反。相对固定坐标系的变换，乘的顺序是自右向左；相对动坐标系的变换，乘的顺序是自左向右。一般根据变换的定义可以自然得到乘法顺序，不必死记硬背。

1. 通用旋转算子

我们已经研究了绕坐标轴的旋转变换，下面研究绕任意轴(用单位矢量 $\boldsymbol{f}$ 表示)旋转 θ 角的旋转矩阵。如图 2-18 所示，假设矢量 $\boldsymbol{f}$ 在固定坐标系$\{A\}$下表示，另外，我们通过矢量${}^{A}\boldsymbol{p}$ 绕任意轴 $\boldsymbol{f}$ 旋转 θ 角得到旋转矩阵。以 $\boldsymbol{f}$ 为 Z 轴建立与$\{A\}$固连的坐标系$\{C\}$，其原点与$\{A\}$的原点重合，因此可以用旋转矩阵描述坐标系$\{C\}$。用 $\boldsymbol{n}$、$\boldsymbol{o}$ 和 $\boldsymbol{f}$ 表示坐标系$\{C\}$三个坐标轴的单位矢量，在坐标系$\{A\}$下表示为

$$\begin{cases} \boldsymbol{n} = n_x\boldsymbol{i} + n_y\boldsymbol{j} + n_z\boldsymbol{k} \\ \boldsymbol{o} = o_x\boldsymbol{i} + o_y\boldsymbol{j} + o_z\boldsymbol{k} \\ \boldsymbol{f} = f_x\boldsymbol{i} + f_y\boldsymbol{j} + f_z\boldsymbol{k} \end{cases} \tag{2-46}$$

则旋转矩阵表示为

$${}^{A}_{C}\boldsymbol{R} = \begin{bmatrix} n_x & o_x & f_x \\ n_y & o_y & f_y \\ n_z & o_z & f_z \end{bmatrix} \tag{2-47}$$

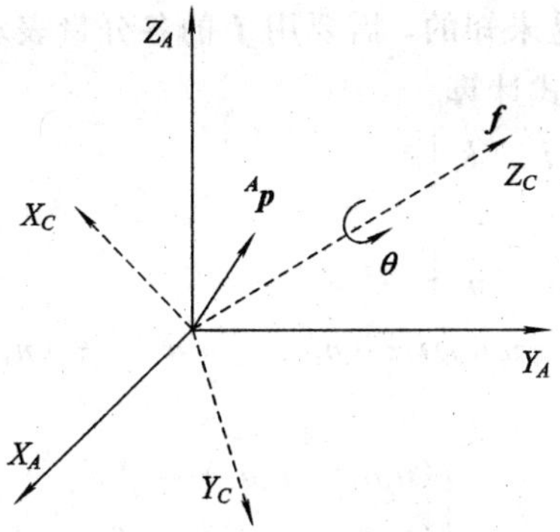

图 2-18　绕任意轴旋转变换

因为固连的坐标系$\{C\}$与$\{A\}$固连，所以绕 $\boldsymbol{f}$ 旋转等价于绕 Z_C旋转。为此我们先将${}^A\boldsymbol{p}$在坐标系$\{C\}$下表示，再绕 Z_C旋转 θ 角，最后再把旋转得到的矢量用坐标系$\{A\}$表示。

$$ {}^A\boldsymbol{p}_1 = \mathrm{Rot}(\boldsymbol{f},\theta)\,{}^A\boldsymbol{p} \tag{2-48}$$

$$ {}^C\boldsymbol{p} = {}^C_A\boldsymbol{R}\,{}^A\boldsymbol{p} = {}^A_C\boldsymbol{R}^{\mathrm{T}}\,{}^A\boldsymbol{p} \tag{2-49}$$

$$ {}^C\boldsymbol{p}_1 = \mathrm{Rot}(z,\theta)\,{}^C\boldsymbol{p} = \mathrm{Rot}(z,\theta)\,{}^A_C\boldsymbol{R}^{\mathrm{T}}\,{}^A\boldsymbol{p} \tag{2-50}$$

再将${}^C\boldsymbol{p}_1$在坐标系$\{A\}$下表示

$$ {}^A\boldsymbol{p}_1 = {}^A_C\boldsymbol{R}\,{}^C\boldsymbol{p}_1 = {}^A_C\boldsymbol{R}\,\mathrm{Rot}(z,\theta)\,{}^A_C\boldsymbol{R}^{\mathrm{T}}\,{}^A\boldsymbol{p} \tag{2-51}$$

比较式(2-48)和式(2-51)可得

$$\begin{aligned}
\mathrm{Rot}(f,\theta) &= {}^A_C\boldsymbol{R}\,\mathrm{Rot}(z,\theta)\,{}^A_C\boldsymbol{R}^{\mathrm{T}} \\
&= \begin{bmatrix} n_x & o_x & f_x \\ n_y & o_y & f_y \\ n_z & o_z & f_z \end{bmatrix}
\begin{bmatrix} \mathrm{c}\theta & -\mathrm{s}\theta & 0 \\ \mathrm{s}\theta & \mathrm{c}\theta & 0 \\ 0 & 0 & 1 \end{bmatrix}
\begin{bmatrix} n_x & n_y & n_z \\ o_x & o_y & o_z \\ f_x & f_y & f_z \end{bmatrix} \\
&= \begin{bmatrix} n_x & o_x & f_x \\ n_y & o_y & f_y \\ n_z & o_z & f_z \end{bmatrix}
\begin{bmatrix} n_x\mathrm{c}\theta - o_x\mathrm{s}\theta & n_y\mathrm{c}\theta - o_y\mathrm{s}\theta & n_z\mathrm{c}\theta - o_z\mathrm{s}\theta \\ n_x\mathrm{s}\theta + o_x\mathrm{c}\theta & n_y\mathrm{s}\theta + o_y\mathrm{c}\theta & n_z\mathrm{s}\theta + o_z\mathrm{c}\theta \\ f_x & f_y & f_z \end{bmatrix} \\
&= \begin{bmatrix} n_1 & o_1 & a_1 \\ n_2 & o_2 & a_2 \\ n_3 & o_3 & a_3 \end{bmatrix}
\end{aligned} \tag{2-52}$$

式中，旋转矩阵的各表达式如下

$$\begin{cases}
n_1 = n_x n_x \mathrm{c}\theta - n_x o_x \mathrm{s}\theta + n_x o_x \mathrm{s}\theta + o_x o_x \mathrm{c}\theta + f_x f_x \\
n_2 = n_x n_y \mathrm{c}\theta - n_y o_x \mathrm{s}\theta + n_x o_y \mathrm{s}\theta + o_x o_y \mathrm{c}\theta + f_x f_y \\
n_3 = n_x n_z \mathrm{c}\theta - n_z o_x \mathrm{s}\theta + n_x o_z \mathrm{s}\theta + o_x o_z \mathrm{c}\theta + f_x f_z \\
o_1 = n_x n_y \mathrm{c}\theta - n_x o_y \mathrm{s}\theta + n_y o_x \mathrm{s}\theta + o_x o_y \mathrm{c}\theta + f_x f_y \\
o_2 = n_y n_y \mathrm{c}\theta - n_y o_y \mathrm{s}\theta + n_y o_y \mathrm{s}\theta + o_y o_y \mathrm{c}\theta + f_y f_y \\
o_3 = n_y n_z \mathrm{c}\theta - n_z o_y \mathrm{s}\theta + n_y o_z \mathrm{s}\theta + o_y o_z \mathrm{c}\theta + f_y f_z \\
a_1 = n_x n_z \mathrm{c}\theta - n_x o_z \mathrm{s}\theta + n_z o_x \mathrm{s}\theta + o_x o_z \mathrm{c}\theta + f_x f_z \\
a_2 = n_y n_z \mathrm{c}\theta - n_y o_z \mathrm{s}\theta + n_z o_y \mathrm{s}\theta + o_y o_z \mathrm{c}\theta + f_y f_z \\
a_3 = n_z n_z \mathrm{c}\theta - n_z o_z \mathrm{s}\theta + n_z o_z \mathrm{s}\theta + o_z o_z \mathrm{c}\theta + f_z f_z
\end{cases} \tag{2-53}$$

上式中的 $\boldsymbol{n}$ 和 $\boldsymbol{o}$ 各分量是未知的，需要用 $\boldsymbol{f}$ 的各分量表示，根据坐标系的右手规则知 $\boldsymbol{n}\times\boldsymbol{o}=\boldsymbol{f}$，叉积可以按下式计算

$$\boldsymbol{n}\times\boldsymbol{o}=\begin{vmatrix} \boldsymbol{i} & \boldsymbol{j} & \boldsymbol{k} \\ n_x & n_y & n_z \\ o_x & o_y & o_z \end{vmatrix}$$
$$=(n_y o_z-n_z o_y)\boldsymbol{i}+(n_z o_x-n_x o_z)\boldsymbol{j}+(n_x o_y-n_y o_x)\boldsymbol{k} \tag{2-54}$$

因此

$$\begin{cases}(n_y o_z-n_z o_y)=f_x \\ (n_z o_x-n_x o_z)=f_y \\ (n_x o_y-n_y o_x)=f_z\end{cases} \tag{2-55}$$

再根据旋转矩阵的正交性可以得到与下式类似的一系列等式

$$n_x n_x+o_x o_x+f_x f_x=1,\ n_x n_y+o_x o_y+f_x f_y=0 \tag{2-56}$$

最后可以得到绕 $\boldsymbol{f}$ 旋转 θ 角的旋转矩阵

$$\mathrm{Rot}(\boldsymbol{f},\theta)=\begin{bmatrix} f_x f_x v\theta+\mathrm{c}\theta & f_x f_y v\theta-f_z \mathrm{s}\theta & f_x f_z v\theta+f_y \mathrm{s}\theta \\ f_x f_y v\theta+f_z \mathrm{s}\theta & f_y f_y v\theta+\mathrm{c}\theta & f_y f_z v\theta-f_x \mathrm{s}\theta \\ f_x f_z v\theta-f_y \mathrm{s}\theta & f_y f_z v\theta+f_x \mathrm{s}\theta & f_z f_z v\theta+\mathrm{c}\theta \end{bmatrix},v\theta=1-\mathrm{c}\theta \tag{2-57}$$

2. 等效转轴与转角

前面讨论了给定转轴和转角可以得到旋转矩阵，那么是否任意给定的旋转矩阵都可以确定等效的转轴 $\boldsymbol{f}$ 和转角 θ 呢？也就是两个坐标原点重合的坐标系可以通过绕固定轴转一定的角度来实现从一个坐标系转换到另一个坐标系。实际上是可以的，假设给定旋转矩阵，令其与式(2-57)相等

$${}^{A}_{C}\boldsymbol{R}=\begin{bmatrix} r_{11} & r_{12} & r_{13} \\ r_{21} & r_{22} & r_{23} \\ r_{31} & r_{32} & r_{33} \end{bmatrix}=\begin{bmatrix} f_x f_x v\theta+\mathrm{c}\theta & f_x f_y v\theta-f_z \mathrm{s}\theta & f_x f_z v\theta+f_y \mathrm{s}\theta \\ f_x f_y v\theta+f_z \mathrm{s}\theta & f_y f_y v\theta+\mathrm{c}\theta & f_y f_z v\theta-f_x \mathrm{s}\theta \\ f_x f_z v\theta-f_y \mathrm{s}\theta & f_y f_z v\theta+f_x \mathrm{s}\theta & f_z f_z v\theta+\mathrm{c}\theta \end{bmatrix} \tag{2-58}$$

将上式对角线相加得

$$r_{11}+r_{22}+r_{33}=1+2\mathrm{c}\theta \Rightarrow \mathrm{c}\theta=\frac{r_{11}+r_{22}+r_{33}-1}{2} \tag{2-59}$$

将关于对角线对称的两个元素分别相减得

$$\begin{cases} r_{32}-r_{23}=2f_x \mathrm{s}\theta \\ r_{13}-r_{31}=2f_y \mathrm{s}\theta \\ r_{21}-r_{12}=2f_z \mathrm{s}\theta \end{cases} \tag{2-60}$$

将式(2-60)平方求和得

$$4\mathrm{s}^2\theta=(r_{32}-r_{23})^2+(r_{13}-r_{31})^2+(r_{21}-r_{12})^2 \tag{2-61}$$

假设限定绕矢量 $\boldsymbol{f}$ 正向旋转，且 $0\leqslant\theta\leqslant180°$，则

$$\mathrm{s}\theta=\frac{1}{2}\sqrt{(r_{32}-r_{23})^2+(r_{12}-r_{31})^2+(r_{21}-r_{12})^2} \tag{2-62}$$

由式(2-59)和式(2-62)可得 θ 的值

$$\theta = \operatorname{atan}\left(\frac{s\theta}{c\theta}\right) \tag{2-63}$$

至此，我们已经获得转角 θ 的值，再由式(2-57)可以得到方向矢量 $\boldsymbol{f}$ 各分量的值

$$f_x = \frac{r_{32} - r_{23}}{2s\theta} \tag{2-64}$$

$$f_y = \frac{r_{13} - r_{31}}{2s\theta} \tag{2-65}$$

$$f_z = \frac{r_{21} - r_{12}}{2s\theta} \tag{2-66}$$

在应用中需要注意的是，当转角 θ 的值接近 0°或 180°时，方向矢量 $\boldsymbol{f}$ 各分量的值计算出现问题，属于奇异情况。

习　　题

2-1　坐标系{B}初始与坐标系{A}重合，坐标系{B}先绕 Z_A 轴转 θ 角，再绕 X_A 轴转 ϕ 角，求旋转矩阵 ${}^A_B\boldsymbol{R}$。若坐标系{B}先绕 Z_A 轴转 θ 角，再绕 X_B 轴转 ϕ 角，求旋转矩阵 ${}^A_B\boldsymbol{R}$，两者结果是否相同？

2-2　若 $\theta=45°$，$\phi=30°$，计算题 2-1 两种变换得到的旋转矩阵。

2-3　已知矢量和齐次坐标变换如下

$$^B\boldsymbol{p} = \begin{bmatrix} 10 \\ 20 \\ 30 \end{bmatrix}$$

$$^A_B\boldsymbol{T} = \begin{bmatrix} 0.866 & -0.50 & 0 & 11 \\ 0.500 & 0.866 & 0 & -3 \\ 0 & 0 & 1 & 9 \\ 0 & 0 & 0 & 1 \end{bmatrix}$$

计算 $^A\boldsymbol{p}$。

2-4　如图 2-19 所示 3 个坐标系，求 ${}^A_B\boldsymbol{T}$，${}^A_C\boldsymbol{T}$，${}^B_C\boldsymbol{T}$ 和 ${}^C_A\boldsymbol{T}$。

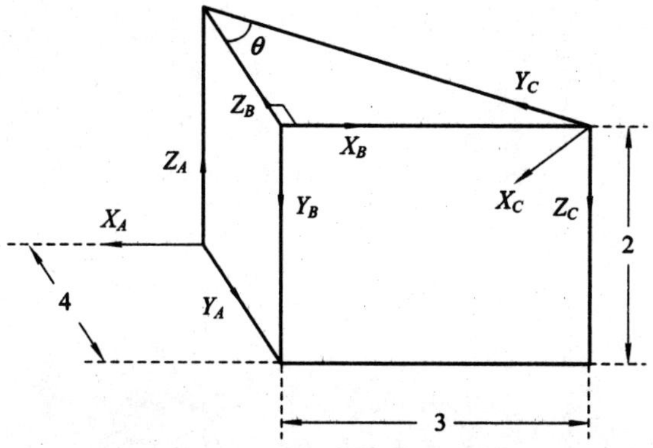

图 2-19　楔形块角点坐标系

2-5 $\{A\}$表示基坐标系，已知坐标系$\{F\}$在基坐标系下的描述（齐次坐标变换）和坐标系$\{F\}$下描述的一个点

$$ {}^{A}_{F}\boldsymbol{T}=\begin{bmatrix}0 & -1 & 0 & 10\\ 1 & 0 & 0 & 20\\ 0 & 0 & 1 & 1\\ 0 & 0 & 0 & 1\end{bmatrix},\quad {}^{F}\boldsymbol{u}=\begin{bmatrix}3\\ 2\\ 2\end{bmatrix} $$

(1) 计算该点在基坐标系$\{A\}$下的描述${}^{A}\boldsymbol{u}$。

(2) 先使坐标系$\{F\}$绕基坐标系$\{A\}$的Y_A轴转90°，再沿X_A轴平移20，求变换得到的新坐标系$\{F'\}$。

(3) 计算点${}^{F}\boldsymbol{u}$在新坐标系$\{F'\}$下的描述${}^{F'}\boldsymbol{u}$。

(4) 作图表示这些坐标系以及矢量之间的关系。

第 3 章　机器人运动学

运动学研究物体的位姿、速度和加速度之间的关系。本章将介绍双轮移动机器人、三轮全向移动机器人和关节式机械臂的运动学问题。

3.1　双轮移动机器人运动学

1. 运动学关系

轮式移动机器人是目前普遍使用的移动机器人，其中双轮机器人因为控制简单方便(只需两个电机)，在科学研究和教学方面得到了最广泛的应用。图 3-1 是双轮差动(两轮独立控制)机器人示意图。假设轮与地面之间没有滑动，(x, y, θ)表示双轮机器人位姿，v 表示机器人前进速度，ω 表示机器人转动速度，则

$$\begin{cases} \dot{x} = v\cos\theta \\ \dot{y} = v\sin\theta \\ \dot{\theta} = \omega \end{cases} \tag{3-1}$$

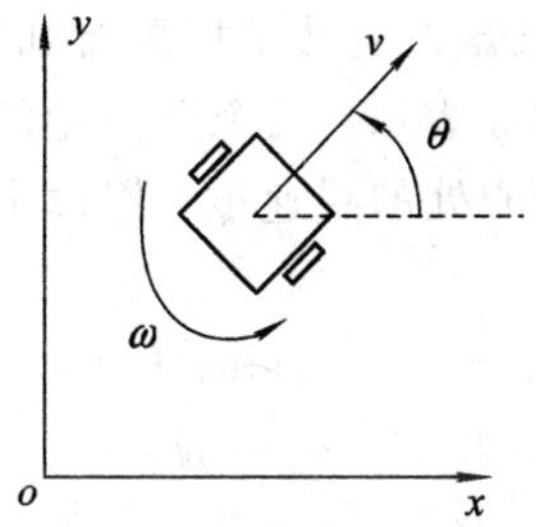

图 3-1　双轮差动机器人

由式(3-1)可得运动学约束条件：$\dot{x}\sin\theta - \dot{y}\cos\theta = 0$，即所谓的"非完整约束"。物理含义是：机器人不能沿轮轴线方向横移。设轮距为 D，轮半径为 r，则两轮独立驱动时轮子转速 ω_L，ω_R 与机器人运动速度间的关系为(设轮子与地面无滑动)

$$v = \frac{r}{2}(\omega_R + \omega_L),\ \omega = \frac{r}{D}(\omega_R - \omega_L) \tag{3-2}$$

如果给定期望的机器人前进速度 v，转动速度 ω，则可以确定机器人的两轮转速为

$$\omega_R = \frac{\frac{v + D\omega}{2}}{r},\ \omega_L = \frac{\frac{v - D\omega}{2}}{r} \tag{3-3}$$

因此，可以非常方便地通过控制电机的转速来控制机器人的移动和转动速度。

2. 机器人位置估计

假设双轮机器人轮上装有增量编码器，已知初始位姿为(x_0, y_0, θ_0)，两轮转角增量为 $\Delta\varphi_R$ 和 $\Delta\varphi_L$，则两轮移动距离分别为 $\Delta l_R = r\Delta\varphi_R$ 和 $\Delta l_L = r\Delta\varphi_L$，机器人移动距离

$$\Delta l = \frac{\Delta l_R + \Delta l_L}{2}$$

方位角变化

$$\Delta\theta = \frac{\Delta l_R - \Delta l_L}{D}$$

第 n 步机器人位姿可以按下面公式更新：

$$\begin{cases} \theta_n = \theta_{n-1} + \Delta\theta \\ x_n = x_{n-1} + \Delta l \cos\left(\theta_{n-1} + \dfrac{\Delta\theta}{2}\right) \\ y_n = y_{n-1} + \Delta l \sin\left(\theta_{n-1} + \dfrac{\Delta\theta}{2}\right) \end{cases} \tag{3-4}$$

若已知机器人的初始位姿，根据该递推公式可以确定任意时刻机器人位姿，但因积累误差大，所以长时间工作不可靠。

3.2　三轮全向移动机器人运动学

前面介绍的双轮移动机器人运动中最大的问题是不能横向移动，在实际应用中灵活性比较差。最典型的例子就是汽车在路边固定车位的停车过程，如果汽车可以横向移动，停车将是一个非常简单的问题。图 3-2 所示的全向移动轮是近年来出现的一种新的轮式移动机构，在大轮的边缘上布置了若干小轮，使得机器人的移动方向不再限定于大轮所在的平面方向。常用的三轮全向移动机器人运动结构配置如图 3-3 所示，xoy 是机器人坐标系，机器人的运动速度用 v_x、v_y 和 ω 表示，三个全向轮的角速度分别用 ω_1、ω_2 和 ω_3 表示，v_1、v_2 和 v_3 分别表示三个全向轮轮心处的线速度。假设全向轮的半径为 R，距运动机构中心的距离为 L，则各速度间关系为

$$\begin{cases} v_1 = \omega_1 R = -v_x \sin\alpha + v_y \cos\alpha + \omega L \\ v_2 = \omega_2 R = -v_y + \omega L \\ v_3 = \omega_3 R = v_x \sin\alpha + v_y \cos\alpha + \omega L \end{cases} \tag{3-5}$$

图 3-2　全向移动轮

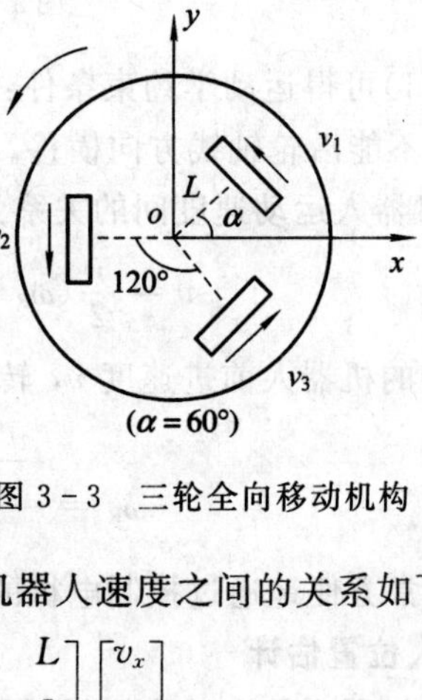

图 3-3　三轮全向移动机构

根据式(3-5)可以得到三个全向轮的角速度与机器人速度之间的关系如下：

$$\begin{bmatrix} \omega_1 \\ \omega_2 \\ \omega_3 \end{bmatrix} = \frac{1}{R} \begin{bmatrix} -\sin\alpha & \cos\alpha & L \\ 0 & -1 & L \\ \sin\alpha & \cos\alpha & L \end{bmatrix} \begin{bmatrix} v_x \\ v_y \\ \omega \end{bmatrix} \tag{3-6}$$

式(3-6)中机器人的速度是用机器人坐标系表示的，而在实际问题(如机器人比赛)中，机器人的期望速度是在全局(场地)坐标系下表示的。图 3-4 给出了机器人坐标系(xoy)和场地坐标系(XOY)的示意图。在场地坐标系下的速度 V_x、V_y 和 Ω 与机器人坐标系下机器人速度之间的变换关系如下：

$$\begin{bmatrix} V_x \\ V_y \\ \Omega \end{bmatrix} = \begin{bmatrix} \cos\theta & -\sin\theta & 0 \\ \sin\theta & \cos\theta & 0 \\ 0 & 0 & 1 \end{bmatrix} \begin{bmatrix} v_x \\ v_y \\ \omega \end{bmatrix} \tag{3-7}$$

$$\begin{bmatrix} v_x \\ v_y \\ \omega \end{bmatrix} = \begin{bmatrix} \cos\theta & \sin\theta & 0 \\ -\sin\theta & \cos\theta & 0 \\ 0 & 0 & 1 \end{bmatrix} \begin{bmatrix} V_x \\ V_y \\ \Omega \end{bmatrix} \tag{3-8}$$

由式(3-6)和式(3-8)可以得到三个全向轮的角速度与机器人在场地坐标系下速度的变换关系

$$\begin{bmatrix} \omega_1 \\ \omega_2 \\ \omega_3 \end{bmatrix} = \frac{1}{R} \begin{bmatrix} -\sin\alpha & \cos\alpha & L \\ 0 & -1 & L \\ \sin\alpha & \cos\alpha & L \end{bmatrix} \begin{bmatrix} \cos\theta & \sin\theta & 0 \\ -\sin\theta & \cos\theta & 0 \\ 0 & 0 & 1 \end{bmatrix} \begin{bmatrix} V_x \\ V_y \\ \Omega \end{bmatrix} \tag{3-9}$$

式(3-9)表明，若给定机器人在场地坐标系下的期望速度矢量，则三个全向轮的角速度即可确定。因此，机器人的速度控制问题可以转化为电机的转速控制问题。对于机器人普遍采用的直流伺服电机，转速控制已经非常成熟，可以采用简单的数字 PID 控制方法实现直流伺服电机的转速控制。随着全向移动技术的日益成熟，目前在 RoboCup 机器人比赛的中型组和小型组队伍普遍采用全向移动机器人，其运动的灵活性较传统的双轮移动机器人有了质的飞跃。当然，全向移动机器人还存在一些不足，如负载和越障能力较差，能量效率比传统双轮机器人要低。

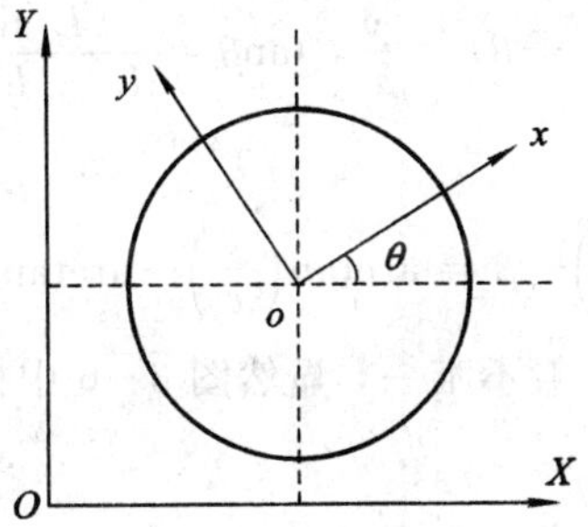

图 3-4　机器人坐标系在场地坐标系中的位置

3.3　平面机械臂运动学

机械臂是由多个连杆通过关节连接起来的机构，通常首个关节固定在基座上，而且前端装有末端执行器(如手爪)。下面先以简单的平面机械臂为例介绍机械臂运动学。

如图 3-5 所示的两连杆平面旋转关节机械臂，其结构由连杆长度 L_1，L_2 和关节角 θ_1，θ_2 确定。表示关节位置的变量 θ_1、θ_2 称为关节变量。旋转关节变量一般采用关节角 θ 表示，而移动关节变量一般采用移动距离 d 表示。在机器人学中将机械臂末端位姿与关节变量之间的几何关系称为机械臂运动学。图 3-5 表示的机械手末端位置与关节角之间的关系为

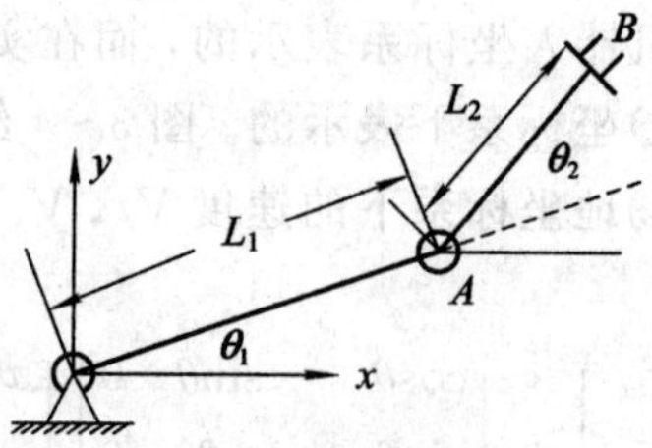

图 3-5　平面机械臂

$$\begin{cases} x = L_1 c_1 + L_2 c_{12} \\ y = L_1 s_1 + L_2 s_{12} \end{cases} \tag{3-10}$$

其中 $c_1=\cos\theta_1$，$c_{12}=\cos(\theta_1+\theta_2)$，$s_1=\sin\theta_1$，$s_{12}=\sin(\theta_1+\theta_2)$。采用矢量表示为

$$\boldsymbol{r} = \boldsymbol{f}(\boldsymbol{\theta}) \tag{3-11}$$

式中 $\boldsymbol{f}$ 表示矢量函数，$\boldsymbol{r}=[x,y]^{\mathrm{T}}$，$\boldsymbol{\theta}=[\theta_1,\theta_2]^{\mathrm{T}}$。从关节变量 $\boldsymbol{\theta}$ 求手爪位置 $\boldsymbol{r}$ 称为正运动学，反之，从手爪位置 $\boldsymbol{r}$ 求关节变量 $\boldsymbol{\theta}$ 称为逆运动学。图 3-6 给出了前面平面机械臂的简图，根据几何关系可以得到下面的逆运动学公式：

ΔOAB 中 α 可以根据余弦定理确定

$$\alpha = \arccos\left(\frac{L_1^2 + L_2^2 - (x^2 + y^2)}{2L_1 L_2}\right) \tag{3-12}$$

因此，可以得到

$$\theta_2 = \pi - \alpha \tag{3-13}$$

观察图 3-6 可以发现，$\theta_1+\beta$ 和 β 两个角度都可计算，因此 θ_1 也是可以计算的。根据图中几何关系得：

$$\tan(\theta_1 + \beta) = \frac{y}{x},\ \tan\beta = \frac{L_2\sin\theta_2}{L_1 + L_2\cos\theta_2}$$

因此

$$\theta_1 = \arctan\left(\frac{y}{x}\right) - \beta = \arctan\left(\frac{y}{x}\right) - \arctan\left(\frac{L_2\sin\theta_2}{L_1 + L_2\cos\theta_2}\right) \tag{3-14}$$

应当指出，逆运动学的解一般不唯一，显然图 3-6 中机械臂关于 OB 轴对称的位置也是逆运动学问题的一个解。

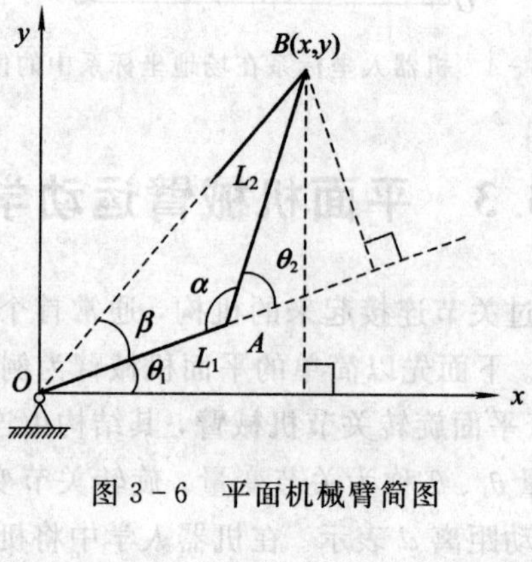

图 3-6　平面机械臂简图

3.4　空间机械臂连杆描述

从机械结构上看，机械臂可以看成一系列刚体通过关节连接而成的链式运动机构。一般把这些刚体称为连杆，通过关节可将相邻的连杆连接起来。旋转关节和移动关节是机械臂设计中经常采用的单自由度关节。

从机械臂的固定基座开始对连杆进行编号，可以称基座为连杆 0。第一个可移动连杆为连杆 1，以此类推，机械臂的最末端连杆为连杆 n。为了使机械臂末端执行器可以在 3 维空间达到任意的位置和姿态，机械臂至少需要 6 个关节，因此，典型的工业机械臂一般都具有 6 个关节。

图 3-7 给出了连杆描述图，用一条空间直线表示关节的转轴(平移轴)，连杆 i 的运动可以用转轴 i 和连杆 i 相对连杆 $i-1$ 的转动角度 θ_i来描述。

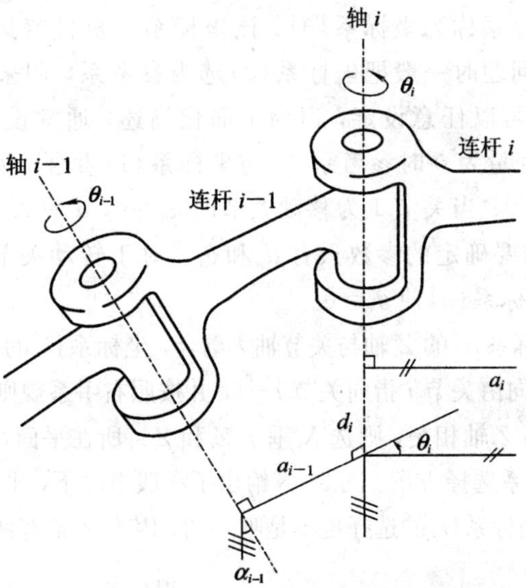

图 3-7　连杆描述

下面给出几个连杆参数的定义：

(1) 连杆长度：即连杆两端关节轴线间公垂线的长度。图 3-7 中 a_{i-1}即为连杆 $i-1$ 的长度。图中给出了两个关节轴为空间异面直线的情况。若两关节轴共面，两轴线平行时，连杆长度为平行线间的距离，两轴线相交时，连杆长度为 0。

(2) 连杆转角：过关节轴 $i-1$ 做垂直于公垂线的平面，在该平面内做过垂足且平行于关节轴 i 的直线。该直线与关节轴 $i-1$ 的夹角定义为连杆转角。图 3-7 中 α_{i-1}即为连杆 $i-1$ 的转角。连杆转角只在两个关节轴为空间异面直线的情况下有意义，若两关节轴共面则 α_{i-1}值任意选取而不影响机械臂的运动学结果。

(3) 连杆偏距：关节轴 i 与相邻关节转轴($i-1$ 和 $i+1$)间公垂线间的距离称为连杆偏距。图 3-7 中 d_i即为关节转轴 i 上的连杆偏距。

(4) 关节角：两相邻连杆绕公共轴线旋转的角度称为关节角。图 3-7 中 θ_i即为关节 i 的关节角。

机器人的每个连杆都可以用以上四个参数描述，其中连杆长度和连杆转角描述连杆本身，连杆偏距和关节角描述连杆之间的连接关系。对于转动关节，θ_i为关节变量，其他三个参数是常数；对于移动关节，d_i为关节变量，其他三个参数是常数。这种用连杆参数描述机构运动学关系的规则称为 DH(Devanit-Hartenberg)方法，连杆参数称为 DH 参数。对于一个 6 关节机器人，需要 18 个参数就可以完全描述机械臂固定的运动学结构参数。如果机器人 6 个关节均为转动关节，18 个固定参数可以用 6 组(α_{i-1}，a_{i-1}，d_i)表示。

3.5 空间机械臂连杆坐标系选择

为了获得机械臂末端执行器在 3 维空间的位置和姿态，需要在每个连杆上定义与连杆固连的坐标系来描述相邻连杆之间的位置关系。根据固连坐标系所在连杆的编号对固连坐标系命名，如固连在连杆 i 上的固连坐标系称为坐标系$\{i\}$。

固连在基座上的坐标系称为坐标系$\{0\}$。该坐标系在机械臂运动过程中保持固定，因此在研究机械臂运动学问题时一般把坐标系$\{0\}$选为参考系，用来描述其他连杆坐标系的位置。原则上参考系$\{0\}$可以任意设定，但为了简化描述，通常设定 Z_0 轴沿关节轴 1 的方向，并且关节 1 的关节变量为 0 时参考系$\{0\}$与坐标系$\{1\}$重合。因此，当关节 1 为转动关节时 $\alpha_0=0$，$a_0=0$，$d_1=0$；当关节 1 为移动关节时 $\alpha_0=0$，$a_0=0$，$\theta_1=0$。

对于末端连杆 n，需要确定的参数只有 d_n 和 θ_n。对于转动关节选择坐标系$\{n\}$使 $d_n=0$；对于移动关节选择坐标系$\{n\}$使 $\theta_n=0$。

对于中间连杆 i，坐标系$\{i\}$的 Z_i 轴与关节轴 i 重合，坐标系$\{i\}$的原点位于公垂线 a_i 与关节轴 i 的交点处。X_i 沿 a_i 方向由关节 i 指向关节 $i+1$，并按照右手系规则确定 Y_i，α_i 按右手定则绕 X_i 转角定义。若 $a_i=0$，两 Z 轴相交，则选 X_i 垂于 Z_i 和 Z_{i+1} 所在平面，此时 X_i 方向有两种选择，因此存在两种不同的坐标系选择方案。图 3-8 给出了一般情况下，坐标系$\{i\}$选择的示意图。需要说明的是即使 $a_i\neq0$，坐标系$\{i\}$的选择也不是唯一的，因为 Z_i 轴有两个方向可以选择。

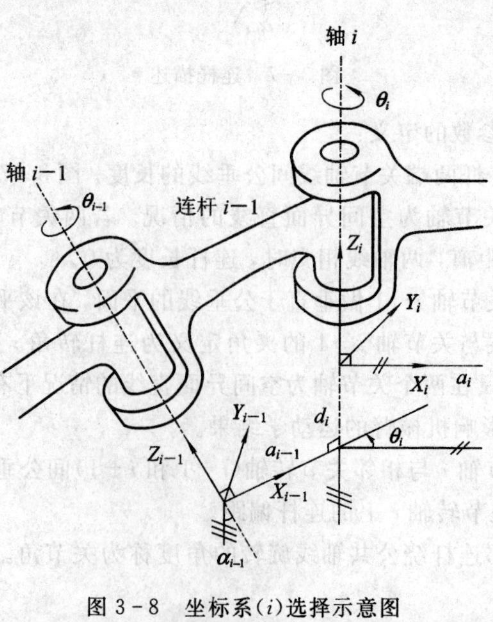

图 3-8　坐标系(i)选择示意图

1. 连杆坐标系中连杆参数的确定

若连杆坐标系采用 DH 方法选定，则连杆参数(DH 参数)可以按以下方法确定：

a_i = 沿 X_i 轴，从 Z_i 移动到 Z_{i+1} 的距离；

α_i = 绕 X_i 轴，从 Z_i 旋转到 Z_{i+1} 的角度；

d_i = 沿 Z_i 轴，从 X_{i-1} 移动到 X_i 的距离；

θ_i = 绕 Z_i 轴，从 X_{i-1} 旋转到 X_i 的角度。

以上 4 个参数中，a_i 表示连杆长度只能取非负值；而其余 3 个参数可以为正，也可以为负。

2. 建立连杆坐标系的步骤

(1) 找出各关节轴，并标出轴的延长线。步骤(2)～(5)仅考虑两个相邻关节轴(i 和 $i+1$)和坐标系$\{i\}$。

(2) 找出关节轴 i 和 $i+1$ 之间的公垂线或两个轴的交点，以两个轴的交点或公垂线与关节轴 i 的交点为坐标系$\{i\}$的原点。

(3) 规定 Z_i 沿关节轴 i 的方向。

(4) 规定 X_i 沿公垂线指向关节轴 $i+1$，若两个轴相交，规定 X_i 垂直于两轴所在的平面。

(5) 按右手定则确定 Y_i 轴。

(6) 当第一个关节变量为 0 时坐标系$\{1\}$与坐标系$\{0\}$重合。对于坐标系$\{n\}$，原点位置可以在关节轴上任意选取，X_n 的方向也是任意的。但在选择时应尽量使更多的连杆参数为 0。

例 3－1　如图 3－9 所示的平面三连杆机械臂，因为三个关节均为旋转关节，故称为 RRR(或 3R)机构。请在该机构上建立连杆坐标系并写出 DH 参数。

解： 首先定义参考坐标系$\{0\}$，它固定在基座上，当第一个关节变量(θ_1)为 0 时坐标系$\{1\}$与坐标系$\{0\}$重合，因此建立参考坐标系$\{0\}$如图 3－10 所示，Z_0 轴与关节 1 的轴线重合且垂直于机械臂所在平面。由于机械臂位于一个平面上，因此所有 Z 轴相互平行，且连杆偏距 d 和连杆转角 α 均为 0。该机械臂的 DH 参数如表 3－1 所示。

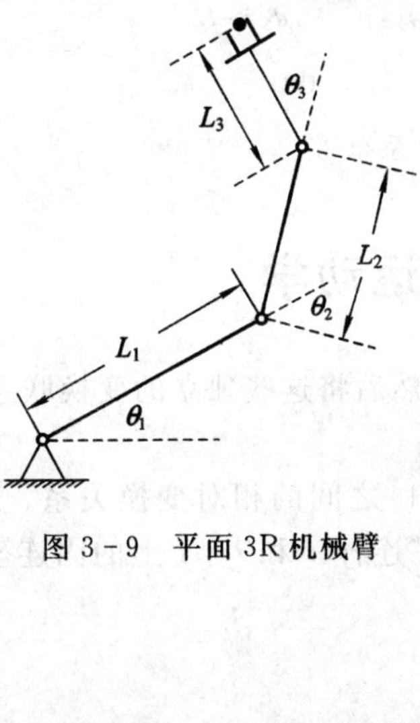

图 3－9　平面 3R 机械臂

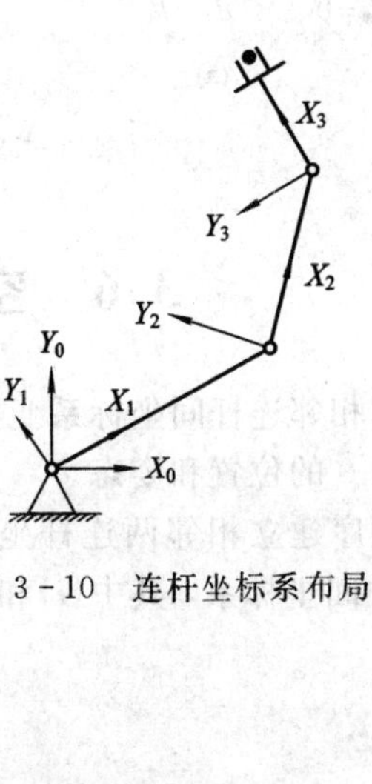

图 3－10　连杆坐标系布局

表 3-1　机械臂 DH 参数

i	α_{i-1}	a_{i-1}	d_i	θ_i
1	0	0	0	θ_1
2	0	L_1	0	θ_2
3	0	L_2	0	θ_2

例 3-2　如图 3-11 所示的三连杆 3R 机械臂，其中关节轴 1 与关节轴 2 相交，关节轴 2 与关节轴 3 平行。请在该机构上建立连杆坐标系{1}和{2}，并写出对应的 DH 参数。

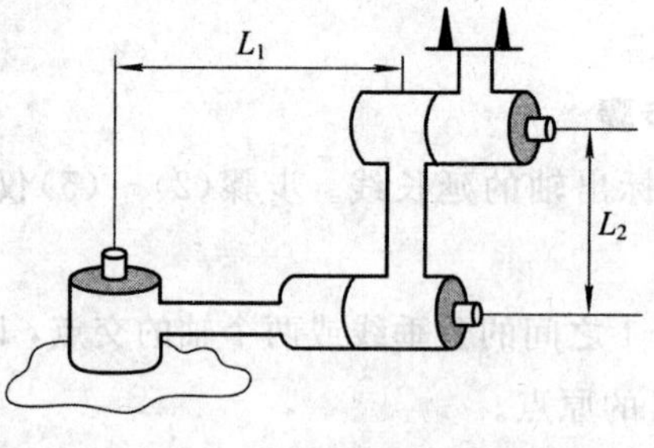

图 3-11　三连杆空间机械臂

解：因为关节轴 1 与关节轴 2 相交，所以 X_1 轴垂直于两轴所在平面，有两个方向可以选择。另外 Z_1 轴和 Z_2 轴的方向也各有两种选择。因此，连杆坐标系{1}和{2}共有 8 种可能的布局。图 3-12 给出了其中两种可能的坐标系布局和对应的 DH 参数。本例题说明了连杆坐标系的建立和 DH 参数并不是唯一的。

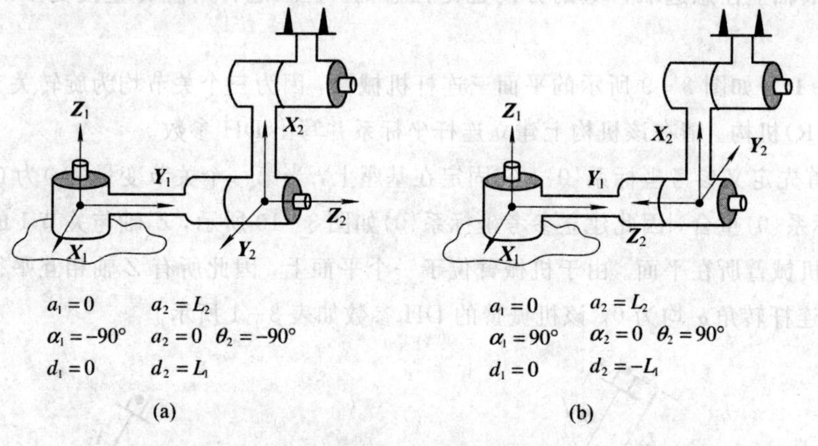

图 3-12　两种可能的坐标系布局

3.6　空间机械臂运动学

本节将导出相邻连杆间坐标系变换的一般形式，然后将这些独立的变换联系起来求出连杆 n 相对连杆 0 的位置和姿态。

按照下列顺序建立相邻两连杆坐标系{i}和{$i-1$}之间的相对变换关系。建立 {P}、{Q}和{R}3 个中间坐标系，其中{i}和{$i-1$}是固定在连杆 i 和 $i-1$ 上的固连坐标系，如图 3-13 所示。

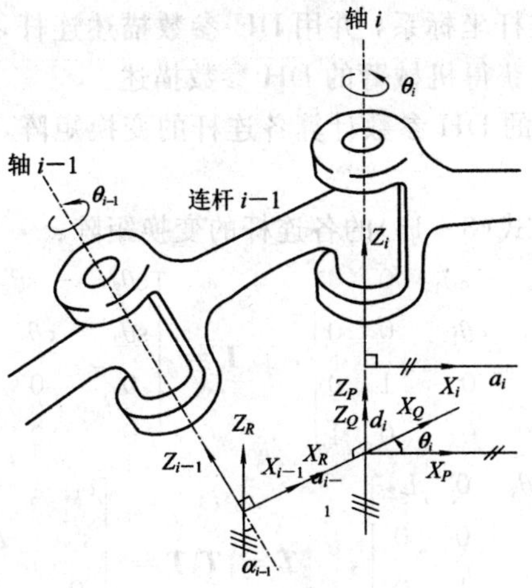

图 3-13 中间坐标系选择示意图

(1) 绕 X_{i-1} 轴旋转 α_{i-1} 角，

$\{i-1\} \Rightarrow \{R\}$，对应变换 $\mathrm{Rot}(x, \alpha_{i-1})$；

(2) 沿 X_R 轴平移 a_{i-1}，

$\{R\} \Rightarrow \{Q\}$，对应变换 $\mathrm{Trans}(a_{i-1}, 0, 0)$；

(3) 绕 Z_Q 轴旋转 θ_i 角，

$\{Q\} \Rightarrow \{P\}$，对应变换 $\mathrm{Rot}(z, \theta_i)$

(4) 沿 Z_P 轴平移 d_i，

$\{P\} \Rightarrow \{i\}$，对应变换 $\mathrm{Trans}(0, 0, d_i)$

因为所有变换都是相对于动坐标系的，所以坐标系$\{i\}$和$\{i-1\}$之间的变换矩阵为

$$ {}^{i-1}_{i}\boldsymbol{T} = \mathrm{Rot}(x, (\alpha_{i-1})\mathrm{Trans}(a_{i-1}, 0, 0)\mathrm{Rot}(z, \theta_i)\mathrm{Trans}(0,0,d_i) \tag{3-15} $$

式中，各独立变换矩阵如下：

$$ \mathrm{Rot}(x,\alpha_{i-1}) = \begin{bmatrix} 1 & 0 & 0 & 0 \\ 0 & \mathrm{c}\alpha_{i-1} & -\mathrm{s}\alpha_{i-1} & 0 \\ 0 & \mathrm{s}\alpha_{i-1} & \mathrm{c}\alpha_{i-1} & 0 \\ 0 & 0 & 0 & 1 \end{bmatrix}, \quad \mathrm{Trans}(a_{i-1},0,0) = \begin{bmatrix} 1 & 0 & 0 & a_{i-1} \\ 0 & 1 & 0 & 0 \\ 0 & 0 & 1 & 0 \\ 0 & 0 & 0 & 1 \end{bmatrix} $$

$$ \mathrm{Rot}(z,\theta_i) = \begin{bmatrix} \mathrm{c}\theta_i & -\mathrm{s}\theta_i & 0 & 0 \\ \mathrm{s}\theta & \mathrm{c}\theta_i & 0 & 0 \\ 0 & 0 & 1 & 0 \\ 0 & 0 & 0 & 1 \end{bmatrix}, \quad \mathrm{Trans}(0, 0, d_i) = \begin{bmatrix} 1 & 0 & 0 & 0 \\ 0 & 1 & 0 & 0 \\ 0 & 0 & 1 & d_i \\ 0 & 0 & 0 & 1 \end{bmatrix} $$

代入到式(3-15)，得到连杆间的通用变换公式：

$$ {}^{i-1}_{i}\boldsymbol{T} = \begin{bmatrix} \mathrm{c}\theta_i & -\mathrm{s}\theta_i & 0 & a_{i-1} \\ \mathrm{s}\theta_i\mathrm{c}\alpha_{i-1} & \mathrm{c}\theta_i\mathrm{c}\alpha_{i-1} & -\mathrm{s}\alpha_{i-1} & -d_i\mathrm{s}\alpha_{i-1} \\ \mathrm{s}\theta_i\mathrm{s}\alpha_{i-1} & \mathrm{c}\theta_i\mathrm{s}\alpha_{i-1} & \mathrm{c}\alpha_{i-1} & d_i\mathrm{c}\alpha_{i-1} \\ 0 & 0 & 0 & 1 \end{bmatrix} \tag{3-16} $$

对于任意的 n 连杆机械臂，只要给出各连杆的 DH 参数，即可以计算机械臂末端在固定坐标系$\{0\}$下表示的变换矩阵(位置和姿态)：

$$ {}^{0}_{n}\boldsymbol{T} = {}^{0}_{1}\boldsymbol{T}{}^{1}_{2}\boldsymbol{T}\cdots{}^{n-1}_{n}\boldsymbol{T} \tag{3-17} $$

因此，采用 DH 规则选择连杆坐标系，并用 DH 参数描述连杆，可以非常容易地获得机械臂的变换矩阵，关键是首先获得机械臂的 DH 参数描述。

例 3-3　利用表 3-1 的 DH 参数计算各连杆的变换矩阵，并计算末端连杆相对固定坐标系的变换矩阵。

解：将相应的参数代入式(3-16)的各连杆的变换矩阵：

$$
{}^0_1\boldsymbol{T}=\begin{bmatrix} c\theta_1 & -s\theta_1 & 0 & 0 \\ s\theta_1 & c\theta_1 & 0 & 0 \\ 0 & 0 & 1 & 0 \\ 0 & 0 & 0 & 1 \end{bmatrix},\quad {}^1_2\boldsymbol{T}=\begin{bmatrix} c\theta_2 & -s\theta_2 & 0 & L_1 \\ s\theta_2 & c\theta_2 & 0 & 0 \\ 0 & 0 & 1 & 0 \\ 0 & 0 & 0 & 1 \end{bmatrix}
$$

$$
{}^2_3\boldsymbol{T}=\begin{bmatrix} c\theta_3 & -s\theta_3 & 0 & L_2 \\ s\theta_3 & c\theta_3 & 0 & 0 \\ 0 & 0 & 1 & 0 \\ 0 & 0 & 0 & 1 \end{bmatrix},\quad {}^0_2\boldsymbol{T}={}^0_1\boldsymbol{T}{}^1_2\boldsymbol{T}=\begin{bmatrix} c_{12} & -s_{12} & 0 & L_1c_1 \\ s_{12} & c_{12} & 0 & L_1s_1 \\ 0 & 0 & 1 & 0 \\ 0 & 0 & 0 & 1 \end{bmatrix}
$$

$$
{}^0_3\boldsymbol{T}={}^0_2\boldsymbol{T}{}^2_3\boldsymbol{T}=\begin{bmatrix} c_{123} & -s_{123} & 0 & L_1c_1+L_2c_{12} \\ s_{123} & c_{123} & 0 & L_1s_1+L_2s_{12} \\ 0 & 0 & 1 & 0 \\ 0 & 0 & 0 & 1 \end{bmatrix}
$$

式中，$c_{123}=\cos(\theta_1+\theta_2+\theta_3)$，$s_{123}=\sin(\theta_1+\theta_2+\theta_3)$。从最后一式可以看出，坐标系{3}的原点坐标与式(3-10)的结果完全相同。

3.7　PUMA560 工业机器人运动学

图 3-14 所示 PUMA560 是一个 6 自由度工业机器人，所有关节均为转动关节。图 3-15 和图 3-16 给出了所有关节角为零位时，连杆坐标系的分布情况。与大多数工业机器人一样，PUMA560 关节 4、5 和 6 的轴线相交于同一点，且交点与坐标系{4}、{5}和{6}的坐标原点重合。后面将介绍如此设计的原因。机器人的连杆参数如表 3-2 所示。

图 3-14　PUMA560 工业机器人

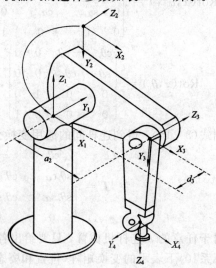

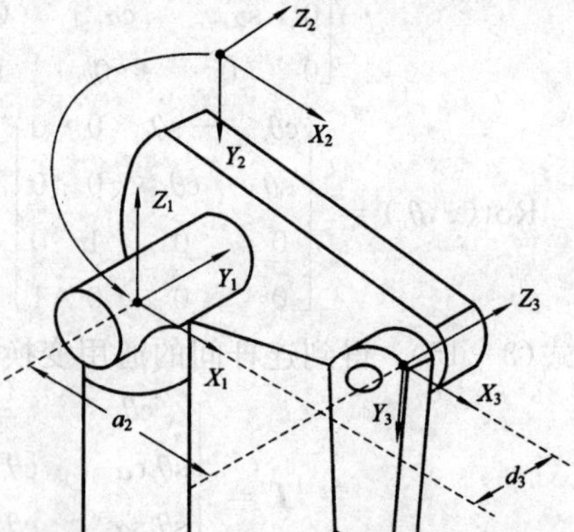

图 3-15　PUMA560 坐标系分布

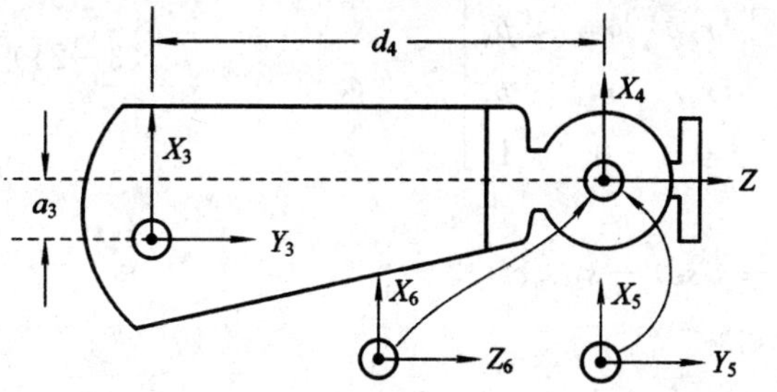

图 3-16 PUMA560 前臂坐标系分布

表 3-2 PUMA560 连杆参数表

i	α_{i-1}	a_{i-1}	d_i	θ_i
1	0	0	0	θ_1
2	$-90°$	0	0	θ_2
3	0	a_2	d_3	θ_3
4	$-90°$	a_3	d_4	θ_4
5	$90°$	0	0	θ_5
6	$-90°$	0	0	θ_6

将相应的参数代入式(3-16)得各连杆的变换矩阵如下：

$$
{}^0_1\boldsymbol{T}=\begin{bmatrix} c\theta_1 & -s\theta_1 & 0 & 0 \\ s\theta_1 & c\theta_1 & 0 & 0 \\ 0 & 0 & 1 & 0 \\ 0 & 0 & 0 & 1 \end{bmatrix},\quad
{}^1_2\boldsymbol{T}=\begin{bmatrix} c\theta_2 & -s\theta_2 & 0 & 0 \\ 0 & 0 & 1 & 0 \\ -s\theta_2 & -c\theta_2 & 0 & 0 \\ 0 & 0 & 0 & 1 \end{bmatrix}
$$

$$
{}^2_3\boldsymbol{T}=\begin{bmatrix} c\theta_3 & -s\theta_3 & 0 & a_2 \\ s\theta_3 & c\theta_3 & 0 & 0 \\ 0 & 0 & 1 & d_3 \\ 0 & 0 & 0 & 1 \end{bmatrix},\quad
{}^3_4\boldsymbol{T}=\begin{bmatrix} c\theta_4 & -s\theta_4 & 0 & a_3 \\ 0 & 0 & 1 & d_4 \\ -s\theta_4 & -c\theta_4 & 0 & 0 \\ 0 & 0 & 0 & 1 \end{bmatrix}
$$

$$
{}^4_5\boldsymbol{T}=\begin{bmatrix} c\theta_5 & -s\theta_5 & 0 & 0 \\ 0 & 0 & -1 & 0 \\ s\theta_5 & c\theta_5 & 0 & 0 \\ 0 & 0 & 0 & 1 \end{bmatrix},\quad
{}^5_6\boldsymbol{T}=\begin{bmatrix} c\theta_6 & -s\theta_6 & 0 & 0 \\ 0 & 0 & 1 & 0 \\ -s\theta_6 & -c\theta_6 & 0 & 0 \\ 0 & 0 & 0 & 1 \end{bmatrix}
$$

将以上变换矩阵连乘即可得到 ${}^0_6\boldsymbol{T}$，因为在第 4 章逆运动学求解需要，这里计算一些中间结果

$$
{}^4_6\boldsymbol{T}={}^4_5\boldsymbol{T}\,{}^5_6\boldsymbol{T}=\begin{bmatrix} c_5c_6 & -c_5s_6 & -s_5 & 0 \\ 0 & 0 & 1 & 0 \\ s_5c_6 & -s_5s_6 & c_5 & 0 \\ 0 & 0 & 0 & 1 \end{bmatrix} \tag{3-18}
$$

$$
{}^3_6\boldsymbol{T}={}^3_4\boldsymbol{T}\,{}^4_6\boldsymbol{T}=\begin{bmatrix} c_4c_5c_6-s_4s_6 & -c_4c_5s_6-s_4c_6 & -c_4s_5 & a_3 \\ s_5c_6 & -s_5s_6 & c_5 & d_4 \\ -s_4c_5c_6-c_4s_6 & s_4c_5s_6-c_4c_6 & s_4s_5 & 0 \\ 0 & 0 & 0 & 1 \end{bmatrix} \tag{3-19}
$$

$$
{}^1_3\boldsymbol{T}={}^1_2\boldsymbol{T}\,{}^2_3\boldsymbol{T}=\begin{bmatrix} c_{23} & -s_{23} & 0 & a_2c_2 \\ 0 & 0 & 1 & d_3 \\ -s_{23} & -c_{23} & 0 & -a_2s_2 \\ 0 & 0 & 0 & 1 \end{bmatrix} \tag{3-20}
$$

因此得：

$$
{}_{6}^{1}\boldsymbol{T}={}_{3}^{1}\boldsymbol{T}\,{}_{6}^{3}\boldsymbol{T}=\begin{bmatrix} {}^{1}r_{11} & {}^{1}r_{12} & {}^{1}r_{13} & {}^{1}p_{x} \\ {}^{1}r_{21} & {}^{1}r_{22} & {}^{1}r_{23} & {}^{1}p_{y} \\ {}^{1}r_{31} & {}^{1}r_{32} & {}^{1}r_{33} & {}^{1}p_{z} \\ 0 & 0 & 0 & 1 \end{bmatrix} \tag{3-21}
$$

式中，各元素值如下：

$$
\begin{cases}
{}^{1}r_{11}=c_{23}(c_4c_5c_6-s_4s_6)-s_{23}s_5c_6 \\
{}^{1}r_{21}=-s_4c_5c_6-c_4s_6 \\
{}^{1}r_{31}=-s_{23}(c_4c_5c_6-s_4s_6)-c_{23}s_5c_6 \\
{}^{1}r_{12}=-c_{23}(c_4c_5s_6+s_4c_6)+s_{23}s_5s_6 \\
{}^{1}r_{22}=s_4c_5s_6-c_4c_6 \\
{}^{1}r_{32}=s_{23}(c_4c_5s_6+s_4c_6)+c_{23}s_5s_6 \\
{}^{1}r_{13}=-c_{23}c_4s_5-s_{23}c_5 \\
{}^{1}r_{23}=s_4s_5 \\
{}^{1}r_{33}=s_{23}c_4s_5-c_{23}c_5 \\
{}^{1}p_x=a_2c_2+a_3c_{23}-d_4s_{23} \\
{}^{1}p_y=d_3 \\
{}^{1}p_z=-a_3s_{23}-a_2s_2-d_4c_{23}
\end{cases} \tag{3-22}
$$

最终得到 6 个连杆坐标变换矩阵的乘积：

$$
{}_{6}^{0}\boldsymbol{T}={}_{1}^{0}\boldsymbol{T}\,{}_{6}^{1}\boldsymbol{T}=\begin{bmatrix} r_{11} & r_{12} & r_{13} & p_{x} \\ r_{21} & r_{22} & r_{23} & p_{y} \\ r_{31} & r_{32} & r_{33} & p_{z} \\ 0 & 0 & 0 & 1 \end{bmatrix} \tag{3-23}
$$

式中，各元素值如下：

$$
\begin{cases}
r_{11}=c_1[c_{23}(c_4c_5c_6-s_4s_6)-s_{23}s_5c_6]+s_1(s_4c_5c_6+c_4s_6) \\
r_{21}=s_1[c_{23}(c_4c_5c_6-s_4s_6)-s_{23}s_5c_6]-c_1(s_4c_5c_6+c_4s_6) \\
r_{31}=-s_{23}(c_4c_5c_6-s_4s_6)-c_{23}s_5c_6 \\
r_{12}=c_1[-c_{23}(c_4c_5s_6+s_4c_6)+s_{23}s_5s_6]+s_1(c_4c_6-s_4c_5s_6) \\
r_{22}=s_1[-c_{23}(c_4c_5s_6+s_4c_6)+s_{23}s_5s_6]-c_1(c_4c_6-s_4c_5s_6) \\
r_{32}=s_{23}(c_4c_5s_6+s_4c_6)+c_{23}s_5s_6 \\
r_{13}=-c_1(c_{23}c_4s_5+s_{23}c_5)-s_1s_4s_5 \\
r_{23}=-s_1(c_{23}c_4s_5+s_{23}c_5)+c_1s_4s_5 \\
r_{33}=s_{23}c_4s_5-c_{23}c_5 \\
p_x=c_1(a_2c_2+a_3c_{23}-d_4s_{23})-d_3s_1 \\
p_y=s_1(a_2c_2+a_3c_{23}-d_4s_{23})+d_3c_1 \\
p_z=-a_3s_{23}-a_2s_2-d_4c_{23}
\end{cases} \tag{3-24}
$$

式(3-24)是 PUMA560 的运动学方程，给出了机器人末端坐标系{6}相对于基座固定坐标系{0}的位姿。显然，手工计算 6 自由度机器人的运动学方程还是比较复杂的，但是，采用计算机编程实现运动学计算非常容易。只需要输入机器人的 DH 参数，再利用式(3-16)，

6 个矩阵连乘即可获得运动学方程式(3－24)。

3.8　坐标系的标准命名规则

为了分析处理方便，机器人和工作空间一般采用规范的命名，并采用“标准”的名字对各种坐标系命名。图 3－17 表示了 5 个坐标系，并给出了标准命名。采用该标准命名的坐标系进行机器人的运动描述和分析具有简单通用的特点。

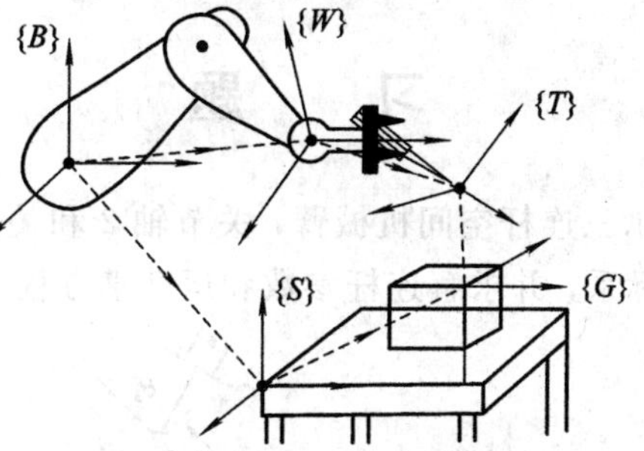

图 3－17　标准坐标系

1. 基坐标系{*B*}

基坐标系{B}固连于机器人的基座上，就是 3.7 节介绍的坐标系{0}。在连杆描述时经常称之为连杆 0。

2. 工作台坐标系{*S*}

工作台坐标系{S}一般固连于机器人工作台的一个角上。对于机器人系统用户来说，工作台坐标系{S}是一个通用坐标系。有时称之为任务坐标系。机器人的所有运动都是相对于工作台坐标系{S}执行的。工作台坐标系{S}通常根据基坐标系{B}来确定，两个坐标系都是固定坐标系。

3. 腕部坐标系{*W*}

腕部坐标系{W}固连于机械臂末端连杆上，因此也称为坐标系{n}。一般情况下腕部坐标系的原点位于机械臂的手腕上，腕部坐标系{W}也是相对于基坐标系{B}定义的。

4. 工具坐标系{*T*}

工具坐标系{T}一般固连于机器人所夹持工具的末端，通常根据腕部坐标系{W}来定义。

5. 目标坐标系{*G*}

目标坐标系{G}是机器人移动工具时对期望工具位置的描述。在机器人运动结束时，工具坐标系{T}与目标坐标系{G}重合。目标坐标系{G}通常相对工作台坐标系{S}来定义。

6. 工具坐标系定位

机器人完成期望操作的主要任务之一是对所夹持的工具进行定位。图 3－17 中虚线表示了坐标系间的描述关系，可以用变换矩阵表示这种描述关系：

腕部坐标系：${}^{B}_{W}\boldsymbol{T}$ 表示腕部坐标系相对基坐标系的位置关系。

工具坐标系：${}^{W}_{T}\boldsymbol{T}$ 表示工具坐标系相对腕部坐标系的位置关系；${}^{B}_{T}\boldsymbol{T}={}^{B}_{W}\boldsymbol{T}{}^{W}_{T}\boldsymbol{T}$ 表示工具坐标系在基坐标系下的描述。

工作台坐标系：${}^{B}_{S}\boldsymbol{T}$ 表示工作台坐标系相对基坐标系的位置关系。

目标坐标系：${}^{S}_{G}\boldsymbol{T}$ 表示目标坐标系在工作台上的位置；${}^{B}_{G}\boldsymbol{T}={}^{B}_{S}\boldsymbol{T}{}^{S}_{G}\boldsymbol{T}$ 表示目标坐标系在基

坐标系下的描述。

根据以上坐标系的变换关系，可以归纳机器人完成期望操作的步骤：

(1) 确定变换关系 ${}^{W}_{T}\boldsymbol{T}$、${}^{B}_{S}\boldsymbol{T}$、${}^{S}_{G}\boldsymbol{T}$。

(2) 根据机器人完成期望操作任务 ${}^{B}_{T}\boldsymbol{T}={}^{B}_{G}\boldsymbol{T}$ 的要求得到变换方程

$${}^{B}_{T}\boldsymbol{T}={}^{B}_{W}\boldsymbol{T}{}^{W}_{T}\boldsymbol{T},\quad {}^{B}_{G}\boldsymbol{T}={}^{B}_{S}\boldsymbol{T}{}^{S}_{G}\boldsymbol{T}\Rightarrow {}^{B}_{W}\boldsymbol{T}={}^{B}_{S}\boldsymbol{T}{}^{S}_{G}\boldsymbol{T}({}^{W}_{T}\boldsymbol{T})^{-1} \tag{3-25}$$

(3) 根据式(3-24)和式(3-25)采用逆运动学求解(第4章介绍)期望的机械臂各关节变量。

(4) 根据期望的关节变量控制机械臂运动，工具坐标系达到期望位姿。

习　题

3-1　如图3-18所示三连杆空间机械臂，关节轴2和关节轴3平行，关节轴1与关节轴2垂直。建立连杆坐标系，并求解连杆参数和运动学方程。

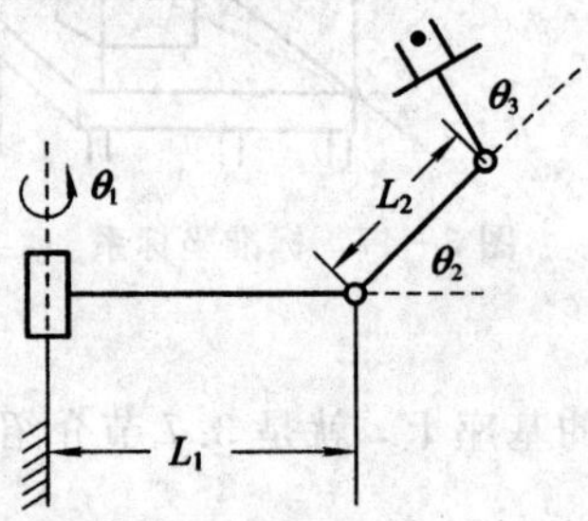

图3-18　三连杆空间机械臂

3-2　如图3-19(a)所示两连杆空间机械臂，当 $\theta_1=0$ 时，基坐标系{0}与坐标系{1}重合。图3-19(b)给出了杆坐标系的布局，求机械臂末端相对于基坐标系的矢量描述 ${}^{0}\boldsymbol{p}_{\text{tip}}$。

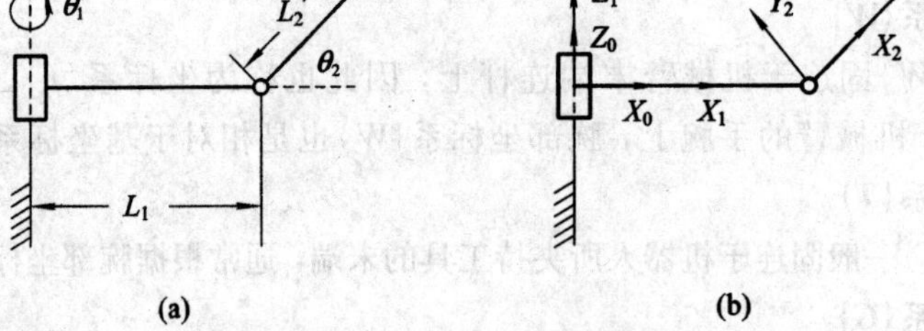

图3-19　两连杆空间机械臂

第 4 章　机器人逆运动学

上一章介绍了机器人运动学，尤其是重点介绍了 6 自由度工业机器人的运动学问题。同时，通过机器人任务分析，我们知道：已知机器人末端的位置和姿态(坐标变换矩阵)确定各关节变量的值是一个非常关键的问题。该问题就是机器人逆运动学将要解决的问题。

4.1　逆运动学问题的可解性

机械臂逆运动学问题就是已知 ${}^0_nT$ 的数值，求各关节变量。从式(3－24)表示的PUMA560运动学公式，可以得到 12 个方程，但只有 6 个是独立的。用式(3－24)求解关节变量 θ_1，θ_2，…，θ_6 是一个非线性问题。PUMA560 参数选择连杆偏距多为 0，且连杆偏角为 0 或±90°。可以想象，一般的 6 自由度机器人的运动学方程要比式(3－24)复杂得多。下面讨论逆运动学问题解的存在性和求解方法。

1. 解的存在性

逆运动学问题解是否存在完全取决于机械臂的工作空间。所谓工作空间是指机械臂末端执行器所能达到的空间位姿的集合。一般来说，对于给定的机械臂，其工作空间是固定的。而对于少于 6 个自由度的机械臂，它在三维空间内不能达到全部位姿。所以通用工业机器人一般都设计成 6 个自由度。当期望位姿位于机械臂的工作空间之外时，逆运动学问题无解。如图 4－1 所示期望平面机械臂末端达到 B 点，显然该逆运动学问题是无解的。

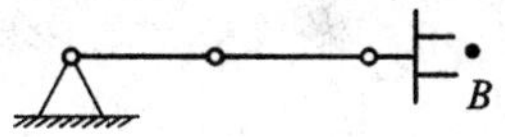

图 4－1　期望机械臂末端达到 B 点

2. 多解问题

逆运动学求解的另一个问题是多解问题。如图 4－2 所示的平面机械臂有两个解，虚线表示另外一个解。逆运动学解的个数取决于机械臂关节的数量，同时与连杆参数和关节运动范围有关。PUMA560 工业机器人一般存在 8 个解。

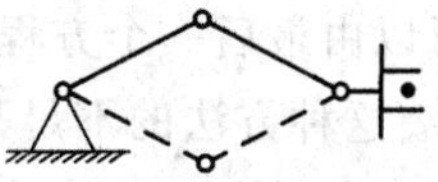

图 4－2　平面机械臂有两个解

3. 逆运动学问题解法

前面强调，从运动学方程中求解关节变量 θ_1，θ_2，…，θ_n 是一个非线性方程组求解问题。而非线性方程组求解方法分为封闭(解析)解法和数值解法两大类。数值解法随着计算机技术的发展已经成为非线性方程组求解的基本方法。然而，对于逆运动学问题，数值解法并不适用，一是机械臂操作需要频繁求解逆运动学问题，数值解法计算量比较大；二是数值解法不能保证求出全部解。所以逆运动学问题一般只采用封闭(解析)解法。

机器人逆运动学问题涉及一个复杂的非线性方程组求解，而从数学角度分析一般的非线性方程组经常没有封闭(解析)解。不过对于机械臂逆运动学问题存在合适的解决方案，因为机械臂是人造机构，只需将其设计成存在封闭解的结构即可解决该问题。理论上已经证明，对于 6 自由度机械臂，存在封闭解的充分条件是有相邻的三个关节轴相交于一点。因此，已经设计出来的 6 自由度机械臂几乎都有三个相交的关节轴，例如 PUMA560 的 4、5、6 轴交于一点。

对于平面机械臂的逆运动学问题，可以采用 3.3 节介绍的几何方法进行求解。下面首先介绍欧拉变换的求解方法，然后以 PUMA560 为例介绍 6 自由度机械臂的逆运动学问题求解方法。

4.2 欧拉变换解

式(2-43)给出了采用欧拉角表示的坐标变换，其逆问题是给定旋转矩阵 $\boldsymbol{R}_{zyz}$，确定对应的欧拉角。假设给定的旋转矩阵如下：

$$\boldsymbol{R}_{zyz} = \begin{bmatrix} n_x & o_x & a_x \\ n_y & o_y & a_y \\ n_z & o_z & a_z \end{bmatrix}$$

根据欧拉变换方程式(2-40)可得如下 9 个方程：

$$\begin{cases} n_x = \mathrm{c}\phi\mathrm{c}\theta\mathrm{c}\psi - \mathrm{s}\phi\mathrm{s}\psi \\ n_y = \mathrm{s}\phi\mathrm{c}\theta\mathrm{c}\psi + \mathrm{c}\phi\mathrm{s}\psi \\ n_z = -\mathrm{s}\theta\mathrm{c}\psi \\ o_x = -\mathrm{c}\phi\mathrm{c}\theta\mathrm{s}\psi - \mathrm{s}\phi\mathrm{c}\psi \\ o_y = -\mathrm{s}\phi\mathrm{c}\theta\mathrm{s}\psi + \mathrm{c}\phi\mathrm{c}\psi \\ o_z = \mathrm{s}\theta\mathrm{s}\psi \\ a_x = \mathrm{c}\phi\mathrm{s}\theta \\ a_y = \mathrm{s}\phi\mathrm{s}\theta \\ a_z = \mathrm{c}\theta \end{cases} \tag{4-1}$$

可以由最后一个方程求出 θ，再由倒数第二个方程求出 ϕ，最后根据倒数第四个方程计算出 ψ。这种方法的不足是反正弦和反余弦解的不确定性和解的精度问题。实际问题中一般用双变量反正切函数计算相应的角度。

1. 双变量反正切函数

在三角函数求解时，通常采用双变量反正切函数 atan2(y, x)来确定角度。atan2 提供两个自变量，即纵坐标和横坐标，见图 4-3。当 $-\pi \leqslant \theta \leqslant \pi$ 时，由 atan2 反求角度过程中，同时检查 y 和 x 的符号来确定其所在象限。该函数也能检验什么时候 x 或 y 为 0，并反求出正确的角度。atan2 的精确程度对其整个定义域都是一样的。高级编程语言如 C 和 Matlab 等提供标准库函数供编程者调用。

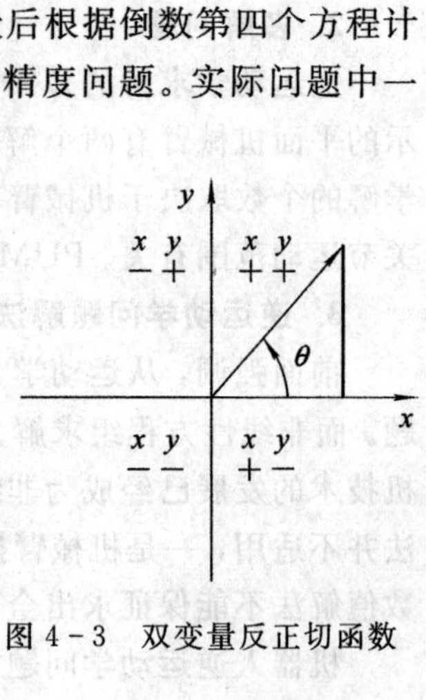

图 4-3 双变量反正切函数

2. 欧拉变换解

根据式(2-39)和式(2-40)可知：

$$\mathrm{Rot}(z,\phi)^{-1}\boldsymbol{R}_{zyz}=\mathrm{Rot}(y,\theta)\mathrm{Rot}(z,\psi)$$

即

$$\begin{bmatrix} c\phi & s\phi & 0 \\ -s\phi & c\phi & 0 \\ 0 & 0 & 1 \end{bmatrix}\begin{bmatrix} n_x & o_x & a_x \\ n_y & o_y & a_y \\ n_z & o_z & a_z \end{bmatrix}=\begin{bmatrix} c\theta c\psi & -c\theta s\psi & s\theta \\ s\psi & c\psi & 0 \\ -s\theta c\psi & s\theta s\psi & c\theta \end{bmatrix} \tag{4-2}$$

式中，矩阵两边对应(2, 3)元素相等得

$$-a_x s\phi+a_y c\phi=0\Rightarrow \tan\phi=\frac{a_y}{a_x}$$

所以得 ϕ 的两个解

$$\begin{cases}\phi=\mathrm{atan2}(a_y,a_x)\\ \phi=\phi+\pi\end{cases} \tag{4-3}$$

对应(1, 3)和(3, 3)元素相等得

$$\begin{cases}s\theta=a_x c\phi+a_y s\phi\\ c\theta=a_z\end{cases}$$

所以有

$$\theta=\mathrm{atan2}(a_x c\phi+a_y s\phi,\ a_z) \tag{4-4}$$

对应(2, 1)和(2, 2)元素相等得

$$s\psi=-n_x s\phi+n_y c\phi,\ c\psi=-o_x s\phi+o_y c\phi$$

所以有

$$\psi=\mathrm{atan2}(-n_x s\phi+n_y c\phi,\ -o_x s\phi+o_y c\phi) \tag{4-5}$$

因此，欧拉变换解计算过程并不复杂，根据以上计算过程我们知道该问题一般存在两个解。应当指出，当 $\theta=0$ 时，根据式(4-1)知 $a_y=a_x=0$，此时式(4-3)将不能确定 ϕ 的值。此时对应绕 Z 轴连续做两次旋转，不能确定每次转的角度，属于欧拉角奇异情况。

4.3　PUMA560 逆运动学

本节将研究 PUMA560 的逆运动学封闭解，一般的 6 自由度工业机器人逆运动学问题可以参考该方法进行求解。已知变换矩阵 ${}^0_6\boldsymbol{T}$，计算各关节变量 θ_1，θ_2，…，θ_6。各连杆坐标系变换关系如下：

$${}^0_6\boldsymbol{T}=[{}^0_1\boldsymbol{T}(\theta_1)][{}^1_2\boldsymbol{T}(\theta_2)][{}^2_3\boldsymbol{T}(\theta_3)][{}^3_4\boldsymbol{T}(\theta_4)][{}^4_5\boldsymbol{T}(\theta_5)][{}^5_6\boldsymbol{T}(\theta_6)]\Rightarrow[{}^0_1\boldsymbol{T}(\theta_1)]^{-1}[{}^0_6\boldsymbol{T}]={}^1_6\boldsymbol{T}$$

与欧拉角求解类似，根据第 3 章 PUMA560 运动学式(3-21)和式(3-23)得

$$\begin{bmatrix} c_1 & s_1 & 0 & 0 \\ -s_1 & c_1 & 0 & 0 \\ 0 & 0 & 1 & 0 \\ 0 & 0 & 0 & 1 \end{bmatrix}\begin{bmatrix} r_{11} & r_{12} & r_{13} & p_x \\ r_{21} & r_{22} & r_{23} & p_y \\ r_{31} & r_{32} & r_{33} & p_z \\ 0 & 0 & 0 & 1 \end{bmatrix}=\begin{bmatrix} {}^1r_{11} & {}^1r_{12} & {}^1r_{13} & {}^1p_x \\ {}^1r_{21} & {}^1r_{22} & {}^1r_{23} & {}^1p_y \\ {}^1r_{31} & {}^1r_{32} & {}^1r_{33} & {}^1p_z \\ 0 & 0 & 0 & 1 \end{bmatrix} \tag{4-6}$$

式(3-22)的最后三个数如下：

$$\begin{cases}{}^1p_x=a_2c_2+a_3c_{23}-d_4s_{23}\\ {}^1p_y=d_3\\ {}^1p_z=-a_3s_{23}-a_2s_2-d_4c_{23}\end{cases} \tag{4-7}$$

令式(4-6)两边元素(2，4)相等，得到

$$-p_x s_1 + p_y c_1 = d_3 \tag{4-8}$$

为了求解式(4-8)，做三角恒等变换

$$\begin{cases} p_x = \rho\cos\phi \\ p_y = \rho\sin\phi \end{cases} \tag{4-9}$$

式中，

$$\begin{cases} \rho = \sqrt{p_x^2 + p_y^2} \\ \phi = \operatorname{atan2}(p_y, p_x) \end{cases}$$

将式(4-9)代入式(4-8)得

$$-c\phi s_1 + s\phi c_1 = \frac{d_3}{\rho} \Rightarrow \sin(\phi - \theta_1) = \frac{d_3}{\rho}$$

所以

$$\cos(\phi-\theta_1) = \pm\sqrt{\frac{1-d_3^2}{\rho^2}}$$

因此

$$\phi - \theta_1 = \operatorname{atan2}\left(\frac{d_3}{\rho}, \pm\sqrt{\frac{1-d_3^2}{\rho^2}}\right)$$

最后 θ_1 的解可以写为

$$\theta_1 = \operatorname{atan2}(p_x, p_y) - \operatorname{atan2}(d_3, \pm\sqrt{p_x^2 + p_y^2 - d_3^2}) \tag{4-10}$$

式(4-10)的正负号表明 θ_1 有两种解。现在 θ_1 已知，因此式(4-6)的左边均为已知。令式(4-6)两边的元素(1，4)和(3，4)对应相等，得

$$\begin{cases} p_x c_1 + p_y s_1 = a_2 c_2 + a_3 c_{23} - d_4 s_{23} \\ p_x = - a_3 s_{23} - a_2 s_2 - d_4 c_{23} \end{cases} \tag{4-11}$$

将式(4-8)和式(4-11)平方后相加，经复杂的运算得

$$a_3 c_3 - d_4 s_3 = k \tag{4-12}$$

式中，

$$k = \frac{p_x^2 + p_y^2 + p_z^2 - a_2^2 - a_3^2 - d_3^2 - d_4^2}{2a_2}$$

采用与解式(4-8)相同的方法可以得到 θ_3 的两种解。

$$\theta_3 = \operatorname{atan2}(a_3, d_4) - \operatorname{atan2}(k, \pm\sqrt{a_3^2 + d_4^2 - k^2}) \tag{4-13}$$

现在 θ_1 和 θ_3 均已知，根据运动学关系可以得到下面等式

$$[{}^0_3\boldsymbol{T}(\theta_2)]^{-1}[{}^0_6\boldsymbol{T}] = {}^3_6\boldsymbol{T}$$

即

$$\begin{bmatrix} c_1 c_{23} & s_1 c_{23} & -s_{23} & -a_2 c_3 \\ -c_1 s_{23} & -s_1 s_{23} & -c_{23} & a_2 s_3 \\ -s_1 & c_1 & 0 & -d_3 \\ 0 & 0 & 0 & 1 \end{bmatrix} \begin{bmatrix} r_{11} & r_{12} & r_{13} & p_x \\ r_{21} & r_{22} & r_{23} & p_y \\ r_{31} & r_{32} & r_{33} & p_z \\ 0 & 0 & 0 & 1 \end{bmatrix}$$

$$= \begin{bmatrix} c_4c_5c_6 - s_4s_6 & -c_4c_5s_6 - s_4c_6 & -c_4s_5 & a_3 \\ s_5c_6 & -s_5s_6 & c_5 & d_4 \\ -s_4c_5c_6 - c_4s_6 & s_4c_5s_6 - c_4c_6 & s_4s_5 & 0 \\ 0 & 0 & 0 & 1 \end{bmatrix} \tag{4-14}$$

令式(4－14)两端的元素(1，4)和(2，4)相等，得到两个方程

$$\begin{cases} c_1c_{23}p_x + s_1c_{23}p_y - s_{23}p_z - a_2c_3 = a_3 \\ -c_1s_{23}p_x - s_1s_{23}p_y - c_{23}p_z - a_2s_3 = d_4 \end{cases} \tag{4-15}$$

联立上述两个方程可以解出 s_{23} 和 c_{23}，结果为

$$\begin{cases} s_{23} = \dfrac{(-a_3 - a_2c_3)p_z + (c_1p_x + s_1p_y)(a_2s_3 - d_4)}{p_z^2 + (c_1p_x + s_1p_y)^2} \\ c_{23} = \dfrac{(a_2s_3 - d_4)p_z - (a_3 + a_2c_3)(c_1p_x + s_1p_y)}{p_z^2 + (c_1p_x + s_1p_y)^2} \end{cases} \tag{4-16}$$

上两式中分母相等，且为正值，因此可以得 θ_{23} 的值：

$$\theta_{23} = \mathrm{atan2}\{(-a_3 - a_2c_3)p_z + (c_1p_x + s_1p_y)(a_2s_3 - d_4), (a_2s_3 - d_4)p_z - (a_3 + a_2c_3)(c_1p_x + s_1p_y)\}$$

因 $\theta_{23} = \theta_2 + \theta_3$，故可得 θ_2 的值：

$$\theta_2 = \theta_{23} - \theta_3 \tag{4-17}$$

现在式(4－14)的左边均为已知。令式(4－14)两边的元素(1，3)和(3，3)对应相等，得

$$\begin{cases} r_{13}c_1c_{23} + r_{23}s_1c_{23} - r_{33}s_{23} = -c_4s_5 \\ -r_{13}s_1 + r_{23}c_1 = s_4s_5 \end{cases} \tag{4-18}$$

若 $s_5 \neq 0$，可以解出

$$\theta_4 = \mathrm{atan2}(-r_{13}s_1 + r_{23}c_1, -r_{13}c_1c_{23} - r_{23}s_1c_{23} + r_{33}s_{23}) \tag{4-19}$$

当 $\theta_5 = 0$ 时，和欧拉角方程求解一样，属于奇异状态，可以任意指定 θ_4 的值。

现在 $\theta_1 \sim \theta_4$ 均已知，根据运动学关系可以得到下面等式

$$[{}^0_4\boldsymbol{T}]^{-1}[{}^0_6\boldsymbol{T}] = {}^4_6\boldsymbol{T} \tag{4-20}$$

令式(4－20)两边的元素(1，2)和元素(3，3)相等得

$$\begin{cases} r_{13}(c_1c_{23}c_4 + s_1s_4) + r_{23}(s_1c_{23}c_4 - c_1s_4) - r_{33}s_{23}c_4 = -s_5 \\ -r_{13}c_1s_{23} - r_{23}s_1s_{23} - r_{33}c_{23} = c_5 \end{cases} \tag{4-21}$$

可以确定 θ_5 的值

$$\theta_5 = \mathrm{atan2}(s_5, c_5) \tag{4-22}$$

现在 $\theta_1 \sim \theta_5$ 均已知，根据运动学关系可以得到下面等式

$$[{}^0_5\boldsymbol{T}]^{-1}[{}^0_6\boldsymbol{T}] = {}^5_6\boldsymbol{T}(\theta_6) \tag{4-23}$$

令式(4－23)两边元素(1，1)和(3，1)相等可以得到 θ_6 的解

$$\theta_6 = \mathrm{atan2}(s_6, c_6) \tag{4-24}$$

式中，

$$s_6 = -r_{11}(c_1c_{23}s_4 - s_1c_4) - r_{21}(s_1c_{23}s_4 + c_1c_4) + r_{31}s_{23}s_4$$

$$c_6 = r_{11}[(c_1c_{23}c_4 + s_1s_4)c_5 - c_1s_{23}s_5] + r_{21}[(s_1c_{23}c_4 - c_1s_4)c_5 - s_1s_{23}s_5] + r_{31}(s_{23}c_4c_5 + c_{23}s_5) \tag{4-25}$$

由于式(4－10)和式(4－13)的 θ_1 和 θ_3 各有两个解，另外机械臂腕关节“翻转”可以得到 $\theta_4 \sim$

θ_6的另一组解

$$\begin{cases}\theta'_4=\theta_4+180^\circ\\ \theta'_5=-\theta_5\\ \theta'_6=\theta_6+180^\circ\end{cases}\tag{4-26}$$

因此，PUMA560 的逆运动学问题共有 8 组解。由于实际系统关节运动范围的限制，其中一些解需要舍去，在余下的有效解中，通常选取与当前机械臂关节角位置最近的解。

习　题

4－1　如图 4－4 所示两连杆旋转平移平面机械臂，关节空间描述为(d, θ)，试导出机器人的逆运动学方程。

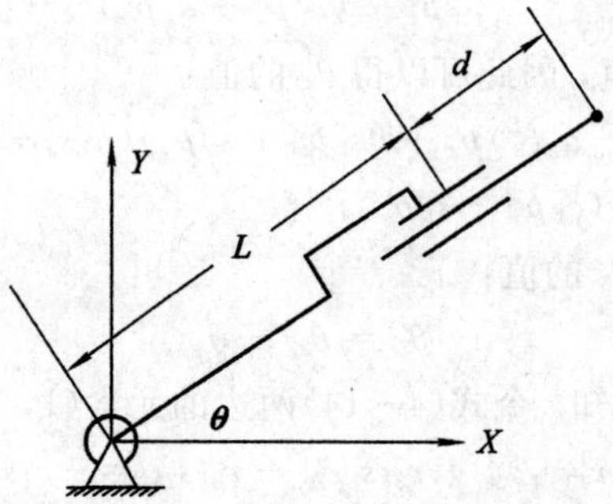

图 4－4　两连杆旋转平移平面机械臂

4－2　如图 4－5 所示两连杆转动空间机械臂，关节空间描述为(θ_1, θ_2)，试导出机器人的逆运动学方程。

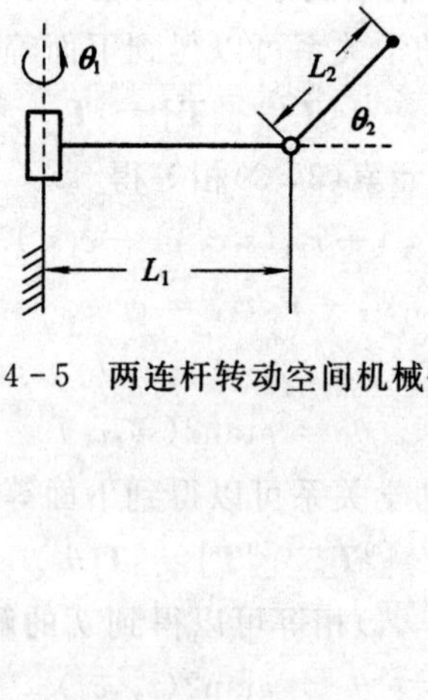

图 4－5　两连杆转动空间机械臂

第 5 章　速度与静力学关系

前两章介绍了机械臂的位置关系，本章将讨论机械臂运动的线速度、角速度表示方法以及连杆间的速度传递关系，并通过雅可比矩阵建立机械臂末端速度与关节速度之间的关系以及机械臂末端力与关节驱动力之间的关系。

5.1　速度的符号表示

图 5 - 1 给出了矢量 $\boldsymbol{Q}$ 在坐标系 $\{B\}$ 下的表示 ${}^{B}\boldsymbol{Q}$，以 $\{B\}$ 为参考系可以得到 Q 点相对 $\{B\}$ 的速度矢量，即矢量 $\boldsymbol{Q}$ 的微分

$$ {}^{B}\boldsymbol{V}_{Q}=\frac{\mathrm{d}}{\mathrm{d}t}\,{}^{B}\boldsymbol{Q}=\lim_{\Delta t\to 0}\frac{{}^{B}\boldsymbol{Q}(t+\Delta t)-{}^{B}\boldsymbol{Q}(t)}{\Delta t} \tag{5-1} $$

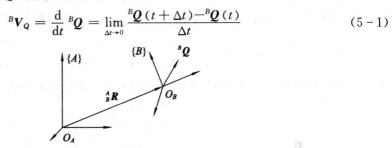

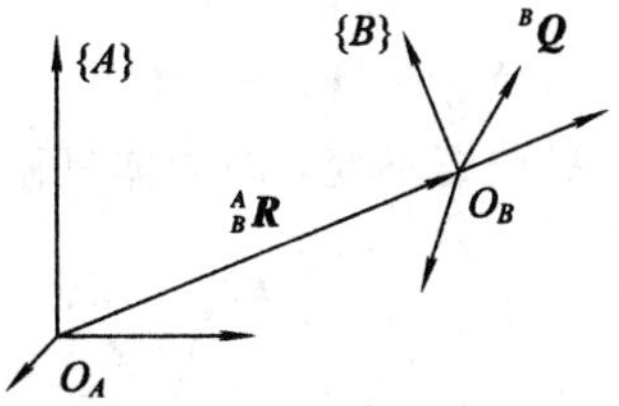

图 5 - 1　矢量表示

假设 Q 点相对于坐标系 $\{B\}$ 固定，即不随时间变化，则式(5 - 1)的微分结果为零，即使它相对其他坐标系是变化的。速度矢量在坐标系 $\{A\}$ 下可表示为

$$ {}^{A}({}^{B}\boldsymbol{V}_{Q})={}^{A}_{B}\boldsymbol{R}({}^{B}\boldsymbol{V}_{Q}) \tag{5-2} $$

因此，点的速度描述通常取决于两个坐标系：一个是进行微分的坐标系(物理学中的参考系)，另一个是描述该速度矢量的坐标系。若两个坐标系相同，如都是坐标系 $\{B\}$，则外层上标可以省略。

经常使用的情况是一个坐标系原点相对固定的世界坐标系 $\{U\}$ 的速度，这种情况下定义缩写符号

$$ \boldsymbol{v}_{C}={}^{U}\boldsymbol{V}_{CO} \tag{5-3} $$

式(5 - 3)表示坐标系 $\{C\}$ 原点速度，参考系为 $\{U\}$。采用该缩写符号，则该速度在坐标系 $\{A\}$ 下表示为 ${}^{A}\boldsymbol{v}_{C}$，但需要说明的是，它是相对固定(世界)坐标系 $\{U\}$ 的速度。

图 5 - 2 所示为角速度矢量表示。角速度矢量用 $\boldsymbol{\Omega}$ 表示，描述刚体的旋转运动。${}^{A}\boldsymbol{\Omega}_{B}$ 表示坐标系 $\{B\}$ 相对于 $\{A\}$ 的旋转角速度矢量，方向代表转轴，大小表示转动速度值。相对于固定参考系 $\{U\}$ 的角速度可省略参考系符号，例如坐标系 $\{C\}$ 的角速度可以表示为

$$ \boldsymbol{\omega}_{C}={}^{U}\boldsymbol{\Omega}_{C} \tag{5-4} $$

式中，$\boldsymbol{\omega}_{C}$ 是角速度矢量在 $\{A\}$ 下的表示，但角速度观测是相对于 $\{U\}$ 的。

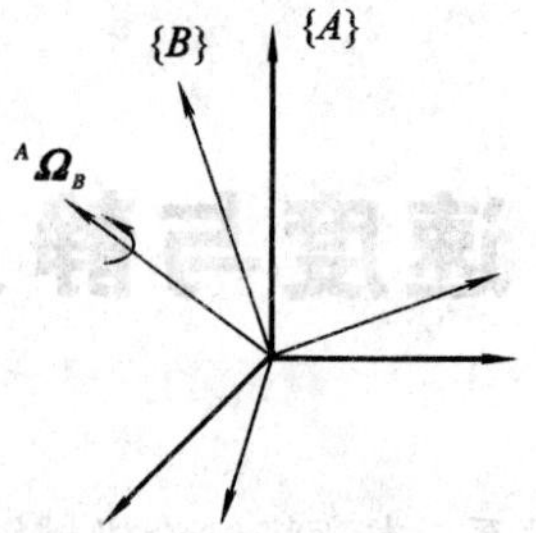

图 5-2　角速度矢量表示

5.2　刚体的线速度和角速度

研究刚体运动的基本方法是在刚体上固连一个坐标系，这样刚体运动等价于一个坐标系相对另一个坐标系的运动。

1. 线速度

如图 5-3 所示，坐标系$\{B\}$固连在刚体上，要求描述 $\boldsymbol{Q}$ 相对$\{A\}$的运动。已知坐标系$\{B\}$相对坐标系$\{A\}$的描述$\{B\}=\{{}^A_B\boldsymbol{R},{}^A\boldsymbol{p}_{BO}\}$，并假设${}^A_B\boldsymbol{R}$ 不随时间变化，则

$$\begin{cases}{}^A\boldsymbol{Q}={}^A\boldsymbol{p}_{BO}+{}^A_B\boldsymbol{R}\,{}^B\boldsymbol{Q}\\ {}^A\boldsymbol{V}_Q={}^A\boldsymbol{V}_{BO}+{}^A_B\boldsymbol{R}\,{}^B\boldsymbol{V}_Q\end{cases}\tag{5-5}$$

式(5-5)只适合坐标系$\{B\}$相对$\{A\}$位姿不变，即刚体只做平移运动而没有旋转的情况。

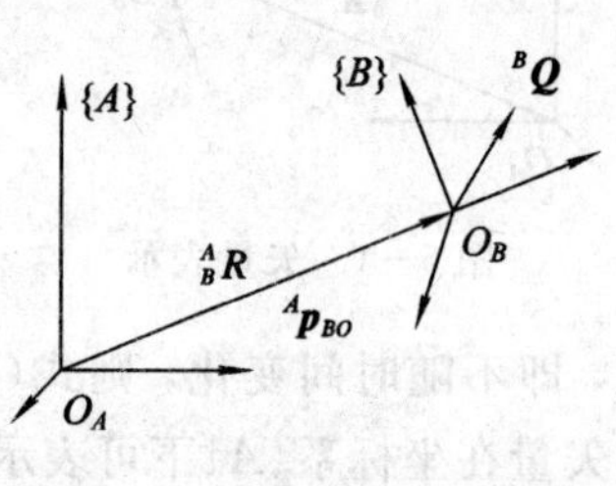

图 5-3　$\boldsymbol{Q}$ 相对(A)的运动

2. 角速度

当${}^A\boldsymbol{\Omega}_B\neq0$ 即刚体存在旋转运动时，公式推导比较复杂。下面只给出结果：

$${}^A\dot{\boldsymbol{Q}}={}^A\dot{\boldsymbol{p}}_{BO}+{}^A_B\dot{\boldsymbol{R}}\,{}^B\boldsymbol{Q}+{}^A_B\boldsymbol{R}\,{}^B\dot{\boldsymbol{Q}}\Rightarrow{}^A\boldsymbol{V}_Q={}^A\boldsymbol{V}_{BO}+{}^A_B\boldsymbol{R}\,{}^B\boldsymbol{V}_Q+{}^A\boldsymbol{\Omega}_B\times{}^A_B\boldsymbol{R}\,{}^B\boldsymbol{Q}\tag{5-6}$$

例 5-1　如图 5-4 所示，机器人质心沿 X_A 轴以 1 m/s 速度移动，同时绕质心以 1 rad/s 角速度转动，半径 $r=0.5$ m，求下边缘点 Q 的速度。

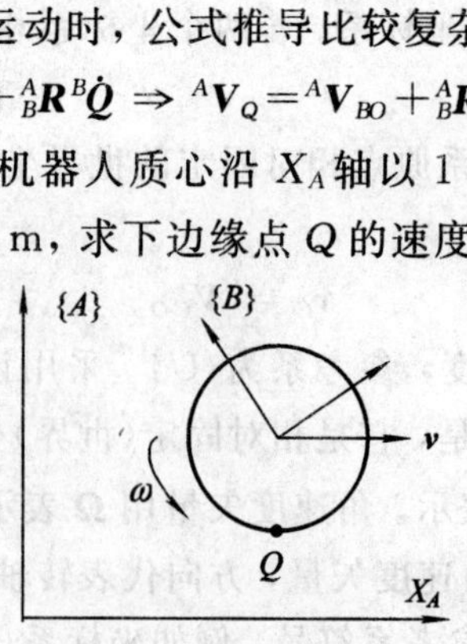

图 5-4　圆盘机器人

解： 在坐标系$\{A\}$下机器人中心速度${}^A V_{BO}=1$ m/s，Q 点相对坐标系$\{B\}$静止，所以

${}^{B}\boldsymbol{V}_{Q}=0$，矢量${}^{A}\boldsymbol{Q}$垂直向下。机器人转动速度大小${}^{A}\boldsymbol{\Omega}_{B}=1$ rad/s，方向沿 Z_A 轴，

$${}^{A}\boldsymbol{\Omega}_{B}\times{}^{A}\boldsymbol{Q}=r^{A}\boldsymbol{\Omega}_{B}X_{A}=0.5\ \mathrm{m/s}(X_{A})$$

代入到式(5-5)得 Q 点相对坐标系$\{A\}$的速度

$$\begin{aligned}{}^{A}\boldsymbol{V}_{Q}&={}^{A}\boldsymbol{V}_{BO}+{}^{A}_{B}\boldsymbol{R}\,{}^{B}\boldsymbol{V}_{Q}+{}^{A}\boldsymbol{\Omega}_{B}\times{}^{A}_{B}\boldsymbol{R}\,{}^{B}\boldsymbol{Q}\\&={}^{A}\boldsymbol{V}_{BO}+{}^{A}\boldsymbol{\Omega}_{B}\times{}^{A}\boldsymbol{Q}=1+0.5=1.5\ \mathrm{m/s}\end{aligned}$$

结果与我们的直观理解相同。

5.3　机器人连杆间速度传递

一般选基座参考系$\{0\}$作为参考系，$\boldsymbol{v}_i$表示坐标系$\{i\}$原点的线速度，$\boldsymbol{\omega}_i$表示坐标系$\{i\}$的角速度(都是相对参考系$\{0\}$的)。

机械手的各连杆的速度可以从基坐标系$\{0\}$开始依次计算。如图 5-5 所示，连杆速度用线速度 $\boldsymbol{v}_i$和角速度 $\boldsymbol{\omega}_i$描述，矢量用$\{i\}$描述比较方便。

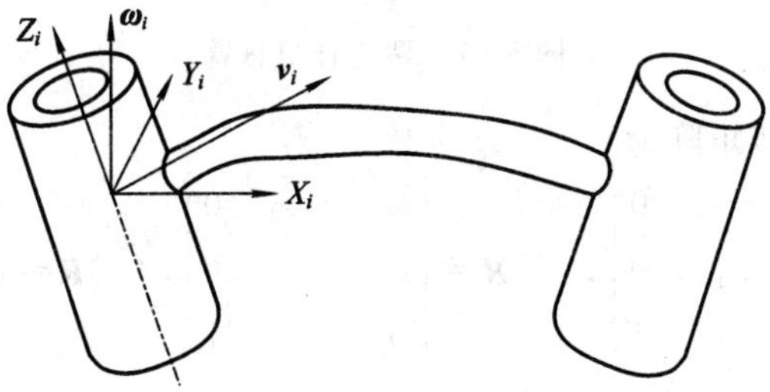

图 5-5　连杆速度表示

同时，将相邻连杆的速度矢量用同一坐标系表示，则速度可以相加。连杆 $i+1$ 的角速度等于 i 的角速度加上连杆 $i+1$ 关节旋转引起的角速度(相对坐标系$\{i\}$)。图 5-6 所示为连杆间速度传递关系。

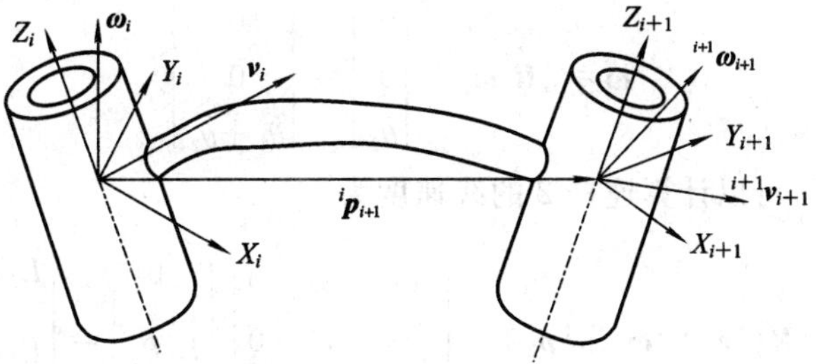

图 5-6　连杆间速度传递

在坐标系$\{i\}$下，连杆 $i+1$ 的角速度表示为

$${}^{i}\boldsymbol{\omega}_{i+1}={}^{i}\boldsymbol{\omega}_{i}+{}^{i}_{i+1}\boldsymbol{R}\,\dot{\theta}_{i+1}\,{}^{i+1}\boldsymbol{Z}_{i+1}\tag{5-7}$$

在式(5-7)两端同乘${}^{i+1}_{i}\boldsymbol{R}$，得

$${}^{i+1}\boldsymbol{\omega}_{i+1}={}^{i+1}_{i}\boldsymbol{R}\,{}^{i}\boldsymbol{\omega}_{i}+\dot{\theta}_{i+1}\,{}^{i+1}\boldsymbol{Z}_{i+1}\tag{5-8}$$

由式(5-6)得连杆 $i+1$ 的线速度

$${}^{i}\boldsymbol{v}_{i+1}={}^{i}\boldsymbol{v}_{i}+{}^{i}\boldsymbol{\omega}_{i}\times{}^{i}\boldsymbol{p}_{i+1}\tag{5-9}$$

在坐标系$\{i+1\}$下表示为

$$ {}^{i+1}\boldsymbol{v}_{i+1}={}^{i+1}_{i}\boldsymbol{R}({}^{i}\boldsymbol{v}_i+{}^{i}\boldsymbol{\omega}_i\times{}^{i}\boldsymbol{p}_{i+1}) \tag{5-10}$$

连杆的线速度和角速度可以用式(5-8)和式(5-10)计算。需要注意的是，$\boldsymbol{v}_i$和$\boldsymbol{\omega}_i$都是客观的量，在不同坐标系下表示的是同一个矢量，都是相对于固定坐标系{0}的速度。

例 5-2　图 5-7 所示为两连杆机械臂，坐标系{0}～{3}给定，计算各连杆速度。

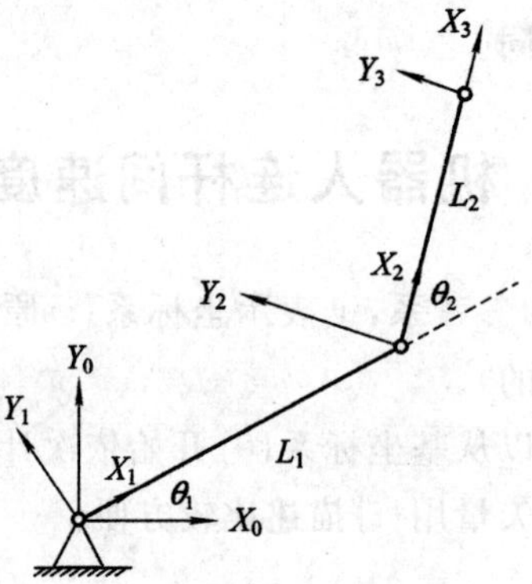

图 5-7　两连杆机械臂

解：坐标系间的旋转矩阵为

$$ {}^{0}_{1}\boldsymbol{R}=\begin{bmatrix}c_1 & -s_1 & 0\\ s_1 & c_1 & 0\\ 0 & 0 & 1\end{bmatrix},\quad {}^{1}_{2}\boldsymbol{R}=\begin{bmatrix}c_2 & -s_2 & 0\\ s_2 & c_2 & 0\\ 0 & 0 & 1\end{bmatrix},\quad {}^{2}_{3}\boldsymbol{R}=\begin{bmatrix}1 & 0 & 0\\ 0 & 1 & 0\\ 0 & 0 & 1\end{bmatrix}$$

连杆 1 的速度为

$$ {}^{1}\boldsymbol{\omega}_1=\begin{bmatrix}0\\ 0\\ \dot{\theta}_1\end{bmatrix},\quad {}^{1}\boldsymbol{v}_1=\begin{bmatrix}0\\ 0\\ 0\end{bmatrix}$$

根据式(5-8)，可以计算连杆 2 的角速度为

$$ {}^{2}\boldsymbol{\omega}_2={}^{2}_{1}\boldsymbol{R}\,{}^{1}\boldsymbol{\omega}_1+\begin{bmatrix}0\\ 0\\ \dot{\theta}_2\end{bmatrix}=\begin{bmatrix}0\\ 0\\ \dot{\theta}_1+\dot{\theta}_2\end{bmatrix}$$

根据式(5-10)，可以计算连杆 2 的线速度为

$$ {}^{2}\boldsymbol{v}_2={}^{2}_{1}\boldsymbol{R}({}^{1}\boldsymbol{v}_1+{}^{1}\boldsymbol{\omega}_1\times{}^{1}\boldsymbol{p}_2)=\begin{bmatrix}c_2 & s_2 & 0\\ -s_2 & c_2 & 0\\ 0 & 0 & 1\end{bmatrix}\begin{bmatrix}0\\ L_1\dot{\theta}_1\\ 0\end{bmatrix}=\begin{bmatrix}L_1s_2\dot{\theta}_1\\ L_1c_2\dot{\theta}_1\\ 0\end{bmatrix}$$

坐标系{3}和{2}固连在一个连杆上，所以${}^{3}\boldsymbol{\omega}_3={}^{2}\boldsymbol{\omega}_2$。

根据式(5-10)，可以计算坐标系{3}原点的线速度为

$$ {}^{3}\boldsymbol{v}_3={}^{3}_{2}\boldsymbol{R}({}^{2}\boldsymbol{v}_2+{}^{2}\boldsymbol{\omega}_2\times{}^{2}\boldsymbol{p}_3)=\begin{bmatrix}L_1s_2\dot{\theta}_1\\ L_1c_2\dot{\theta}_1\\ 0\end{bmatrix}+\begin{bmatrix}0\\ L_2(\dot{\theta}_1+\dot{\theta}_2)\\ 0\end{bmatrix}$$

$$=\begin{bmatrix} L_1 s_2\dot{\theta}_1 \\ L_1 c_2\dot{\theta}_1+L_2(\dot{\theta}_1+\dot{\theta}_2) \\ 0 \end{bmatrix}$$

坐标系{3}原点的线速度在基坐标系下表示为

$${}^0_3\boldsymbol{R}={}^0_1\boldsymbol{R}{}^1_2\boldsymbol{R}{}^2_3\boldsymbol{R}=\begin{bmatrix} c_{12} & -s_{12} & 0 \\ s_{12} & c_{12} & 0 \\ 0 & 0 & 1 \end{bmatrix}$$

$${}^0\boldsymbol{v}_3={}^0_3\boldsymbol{R}\cdot{}^3\boldsymbol{v}_3=\begin{bmatrix} -L_1 s_1\dot{\theta}_1-L_2 s_{12}(\dot{\theta}_1+\dot{\theta}_2) \\ L_1 c_1\dot{\theta}_1+L_2 c_{12}(\dot{\theta}_1+\dot{\theta}_2) \\ 0 \end{bmatrix}$$

5.4　机器人雅可比矩阵

给定 m 个多元函数(其中 x 是 t 的函数)

$$\begin{cases} y_1=f_1(x_1,x_2,\cdots,x_n) \\ y_2=f_2(x_1,x_2,\cdots,x_n) \\ \quad\vdots \\ y_m=f_m(x_1,x_2,\cdots,x_n) \end{cases} \tag{5-11}$$

计算函数对时间的导数得

$$\begin{cases} \dot{y}_1=\dfrac{\partial f_1}{\partial x_1}\cdot\dot{x}_1+\dfrac{\partial f_1}{\partial x_2}\cdot\dot{x}_2+\cdots+\dfrac{\partial f_1}{\partial x_n}\cdot\dot{x}_n \\ \dot{y}_2=\dfrac{\partial f_2}{\partial x_1}\cdot\dot{x}_1+\dfrac{\partial f_2}{\partial x_2}\cdot\dot{x}_2+\cdots+\dfrac{\partial f_2}{\partial x_n}\cdot\dot{x}_n \\ \quad\vdots \\ \dot{y}_m=\dfrac{\partial f_m}{\partial x_1}\cdot\dot{x}_1+\dfrac{\partial f_m}{\partial x_2}\cdot\dot{x}_2+\cdots+\dfrac{\partial f_m}{\partial x_n}\cdot\dot{x}_n \end{cases} \tag{5-12}$$

写成向量形式

$$\dot{\boldsymbol{y}}=\boldsymbol{J}(\boldsymbol{x})\dot{\boldsymbol{x}} \tag{5-13}$$

$\boldsymbol{J}(\boldsymbol{x})$ 称为雅可比矩阵，维数为 $m\times n$，一般情况下是时变的，其表达式如下：

$$\boldsymbol{J}(\boldsymbol{x})=\begin{bmatrix} \dfrac{\partial f_1}{\partial x_1} & \dfrac{\partial f_1}{\partial x_2} & \cdots & \dfrac{\partial f_1}{\partial x_n} \\ \dfrac{\partial f_2}{\partial x_1} & \dfrac{\partial f_2}{\partial x_2} & \cdots & \dfrac{\partial f_2}{\partial x_n} \\ \vdots & \vdots & & \vdots \\ \dfrac{\partial f_m}{\partial x_1} & \dfrac{\partial f_m}{\partial x_2} & \cdots & \dfrac{\partial f_m}{\partial x_n} \end{bmatrix} \tag{5-14}$$

将式(5-13)应用于机械臂

$$\hat{\boldsymbol{v}}=\boldsymbol{J}(\boldsymbol{\theta})\dot{\boldsymbol{\theta}} \tag{5-15}$$

式中，$\hat{\boldsymbol{v}}$ 是笛卡尔速度矢量；$\boldsymbol{\theta}$ 是关节角。对于 6 关节机械臂

$$\hat{\boldsymbol{v}}=\begin{bmatrix}\boldsymbol{v}\\ \boldsymbol{\omega}\end{bmatrix} \tag{5-16}$$

即笛卡尔速度矢量表示机械臂末端的线速度和角速度。式(5-15)通过雅可比矩阵建立了机械臂末端笛卡尔空间速度和关节空间速度之间的关系。假设雅可比矩阵 $\boldsymbol{J}(\boldsymbol{\theta})$可逆，得

$$\dot{\boldsymbol{\theta}}=\boldsymbol{J}^{-1}(\boldsymbol{\theta})\hat{\boldsymbol{v}} \tag{5-17}$$

如果给定笛卡尔空间期望速度 $\hat{\boldsymbol{v}}(t)$，则式(5-17)是关于关节角的常微分方程组。给定关节角的初值，式(5-17)的解即为期望的关节角轨迹。一般不能求出式(5-17)的解析解，可以采用数值方法获得近似解。

例 5-3 图 5-7 所示为两连杆机械臂，建立机械臂末端速度与关节速度的关系，并计算末端沿 $\boldsymbol{X}_0$ 轴以 1 m/s 速度运动时两个关节的速度。

解： 采用几何方法求解该问题。机械臂末端在固定坐标系下的位置和速度为

$$\begin{cases}x=L_1c_1+L_2c_{12}\\ y=L_1s_1+L_2s_{12}\end{cases}\Rightarrow\begin{cases}\dot{x}=-L_1s_1\dot{\theta}_1-L_2s_{12}(\dot{\theta}_2+\dot{\theta}_1)\\ \dot{y}=L_1c_1\dot{\theta}_1+L_2c_{12}(\dot{\theta}_1+\dot{\theta}_2)\end{cases}$$

因此，根据式(5-14)，可以计算出雅可比矩阵

$$\left.\begin{matrix}\dfrac{\partial x}{\partial\theta_1}=-L_1s_1-L_2s_{12}, & \dfrac{\partial x}{\partial\theta_2}=-L_2s_{12}\\ \dfrac{\partial y}{\partial\theta_1}=L_1c_1+L_2c_{12}, & \dfrac{\partial y}{\partial\theta_2}=L_2c_{12}\end{matrix}\right\}\Rightarrow\boldsymbol{J}(\boldsymbol{\theta})=\begin{bmatrix}-L_1s_1-L_2s_{12} & -L_2s_{12}\\ L_1c_1+L_2c_{12} & L_2c_{12}\end{bmatrix}$$

机械臂末端速度与关节速度的关系为

$$\begin{aligned}\boldsymbol{v}=\begin{bmatrix}\dot{x}\\ \dot{y}\end{bmatrix}=\boldsymbol{J}(\boldsymbol{\theta})\dot{\boldsymbol{\theta}}&=\begin{bmatrix}-L_1s_1-L_2s_{12} & -L_2s_{12}\\ L_1c_1+L_2c_{12} & L_2c_{12}\end{bmatrix}\begin{bmatrix}\dot{\theta}_1\\ \dot{\theta}_2\end{bmatrix}\\ &=\begin{bmatrix}-\dot{\theta}_1(L_1s_1+L_2s_{12})-\dot{\theta}_2L_2s_{12}\\ \dot{\theta}_1(L_1c_1+L_2c_{12})+\dot{\theta}_2L_2c_{12}\end{bmatrix}\end{aligned}$$

该结果与前面直接的导数计算结果完全相同。因此，可以采用直接计算位置对时间导数的方法得到雅可比矩阵。下面根据式(5-15)，得出机械臂关节速度与末端速度的关系。首先计算雅可比矩阵行列式的值，然后采用伴随矩阵计算雅可比矩阵的逆：

$$|\boldsymbol{J}(\boldsymbol{\theta})|=-L_1L_2s_1c_{12}-L_2^2s_{12}c_{12}+L_1L_2c_1s_{12}+L_2^2s_{12}c_{12}=L_1L_2(s_{12}c_1-c_{12}s_1)=L_1L_2s_2$$

$$\boldsymbol{J}^{-1}(\boldsymbol{\theta})=\frac{1}{L_1L_2s_2}\begin{bmatrix}L_2c_{12} & L_2s_{12}\\ -L_1c_1-L_2c_{12} & -L_1s_1-L_2s_{12}\end{bmatrix}$$

$$\boldsymbol{v}=\begin{bmatrix}1\\ 0\end{bmatrix}\Rightarrow\dot{\boldsymbol{\theta}}=\boldsymbol{J}^{-1}(\boldsymbol{\theta})\boldsymbol{v}=\begin{bmatrix}\dfrac{c_{12}}{L_1s_2}\\ -\dfrac{c_1}{L_2s_2}-\dfrac{c_2}{L_1s_2}\end{bmatrix}$$

因此，当 $\theta_2\to0$ 时，关节角速度$\to\infty$。本例题表明，雅可比矩阵可能存在奇异问题，此时期望的末端速度无法实现，实际应用中必须避免。

5.5 机器人静力关系

为了方便地得到机器人静力关系，下面简要介绍虚功原理以及相关的基本概念。

(1) 约束：对质点系位置或速度的限制条件称为约束。

例如图 5－8(a)所示的单摆，刚性杆长为 l。摆锤受到的限制条件为

$$x^2+y^2=l^2 \tag{5-18}$$

图 5－8(b)所示的纯滚动轮子。轮心移动速度与轮子转动角速度之间的限制条件为

$$v-r\,\omega=0 \tag{5-19}$$

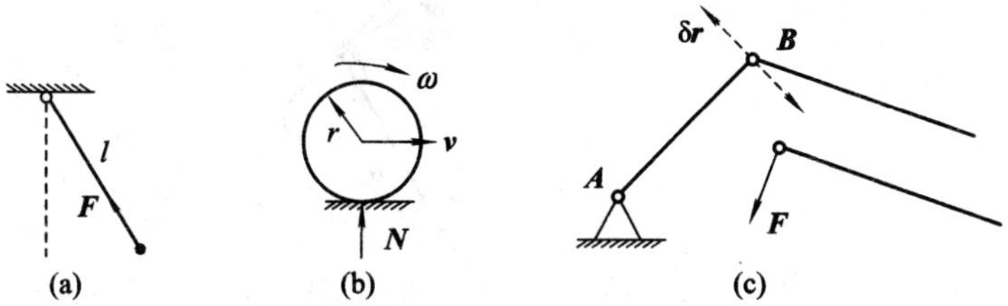

图 5－8　约束例子

(2) 约束力：由于约束而使物体受到的力。

例如图 5－8(a)所示的单摆摆锤受到的力 $\boldsymbol{F}$，图 5－8(b)所示的地面对轮子的支持力 $\boldsymbol{N}$，以及图 5－8(c)所示的铰链对连杆的作用力 $\boldsymbol{F}$ 等。

(3) 虚位移：质点(质点系)满足约束的无限小位移，称为虚位移。

例如图 5－8(c)所示的铰链 B 的虚位移可以在两个方向上，用 $\delta\boldsymbol{r}$ 表示。

(4) 虚功：力在相应虚位移上做的功，称为虚功。

$$\delta w = \boldsymbol{F}\cdot\delta\boldsymbol{r} \tag{5-20}$$

(5) 理想约束：若质点系约束力在任意虚位移上所做虚功之和为零，则称质点系受理想约束。

(6) 虚功原理：在理想约束条件下，质点系平衡的充要条件是主动力在任意虚位移上所做虚功之和为零。虚功原理是质点系静力学平衡和动力学分析的理论基础。

例 5－4　如图 5－9 所示杠杆，杆端 A 受到力 F_A作用，忽略杠杆质量和支点摩擦影响，用虚功原理确定杠杆在水平位置平衡时，杆端 B 需要施加的力 F_B。

解：杠杆受理想约束，主动力为 F_A和 F_B，根据虚功原理得

$$F_A\cdot\delta x_A+F_B\cdot\delta x_B=0$$

$$\delta x_A=L_A\cdot\delta\theta,\quad \delta x_B=L_B\cdot\delta\theta$$

代入到虚功方程得

$$(F_A\cdot L_A+F_B\cdot L_B)\delta\theta=0$$

因为 $\delta\theta$ 是任意的，所以上式中括号内的值必为零，因此

$$F_B=-\frac{F_A\cdot L_A}{L_B}$$

式中负号表示实际方向与假设方向相反。显然，虚功原理计算结果与直接用杠杆原理计算结果完全相同。

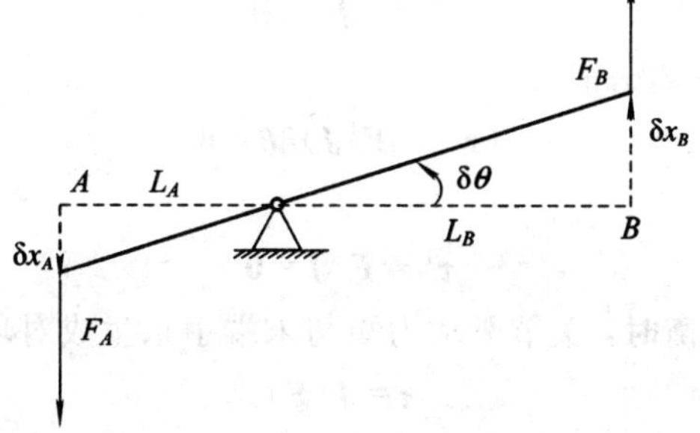

图 5－9　杠杆平衡

下面用虚功原理推导机械臂静力学关系。图 5－10 给出了机械臂末端手爪受到环境接触反力作用平衡的示意图。假设机械臂有 n 个转动关节，其上作用有驱动力矩，同时假设机械臂末端手爪的虚位移是 m 维的。

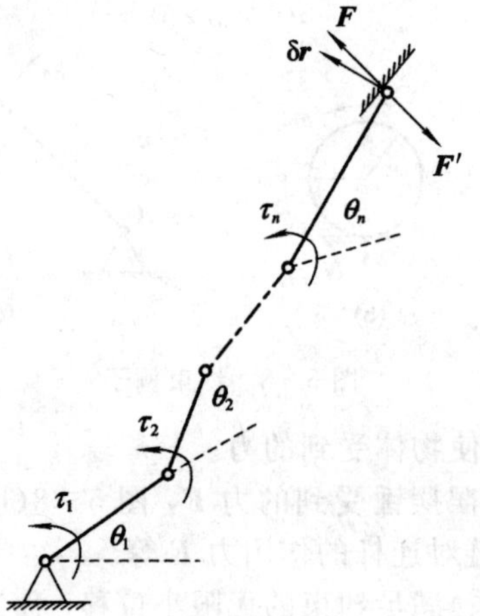

图 5－10　机械臂静力学关系

在推导过程中采用以下规定符号：

$$\delta \boldsymbol{r}=[\delta r_1, \delta r_2, \cdots, \delta r_m]^{\mathrm{T}}$$

为 $m\times 1$ 维手爪虚位移矢量；

$$\delta \boldsymbol{\theta}=[\delta \theta_1, \delta \theta_2, \cdots, \delta \theta_n]^{\mathrm{T}}$$

为 $n\times 1$ 维关节虚位移矢量；

$$\boldsymbol{F}=[f_1, f_2, \cdots, f_m]^{\mathrm{T}}$$

为 $m\times 1$ 维手爪受力矢量；

$$\boldsymbol{\tau}=[\tau_1, \tau_2, \cdots, \tau_n]^{\mathrm{T}}$$

为 $n\times 1$ 维关节驱动力矢量。

图 5－10 中手爪对环境的作用力 $\boldsymbol{F}$ 和环境对手爪的作用力 F' 是一对作用力和反作用力，所以，$\boldsymbol{F}'=-\boldsymbol{F}$。忽略机械臂重力和关节摩擦影响，由虚功原理得：

$$\boldsymbol{\tau}^{\mathrm{T}}\delta\boldsymbol{\theta}+\boldsymbol{F}'^{\mathrm{T}}\cdot\delta\boldsymbol{r}=\boldsymbol{0} \tag{5-21}$$

因此，

$$\boldsymbol{\tau}^{\mathrm{T}}\delta\boldsymbol{\theta}-\boldsymbol{F}^{\mathrm{T}}\cdot\delta\boldsymbol{r}=\boldsymbol{0} \tag{5-22}$$

根据雅可比矩阵的含义可得

$$\delta\boldsymbol{r}=\boldsymbol{J}\cdot\delta\boldsymbol{\theta} \tag{5-23}$$

把式(5－23)代入到式(5－22)得

$$(\boldsymbol{\tau}^{\mathrm{T}}-\boldsymbol{F}^{\mathrm{T}}\boldsymbol{J})\delta\boldsymbol{\theta}=\boldsymbol{0} \tag{5-24}$$

因为 $\delta\boldsymbol{\theta}$ 是任意的，所以

$$\boldsymbol{\tau}^{\mathrm{T}}-\boldsymbol{F}^{\mathrm{T}}\boldsymbol{J}=\boldsymbol{0} \tag{5-25}$$

最后，可以得到机械臂平衡时，关节驱动力矩与末端手爪生成对环境作用力关系：

$$\boldsymbol{\tau}=\boldsymbol{J}^{\mathrm{T}}\boldsymbol{F} \tag{5-26}$$

例 5－5　如图 5－11 所示 2 自由度机械臂，当关节角 $\theta_1=0$ rad，$\theta_2=\pi/2$ rad 时，求生

成手爪力 $\boldsymbol{F}=[f_x, f_y]^{\mathrm{T}}$ 的关节驱动力矩 $\boldsymbol{\tau}$。

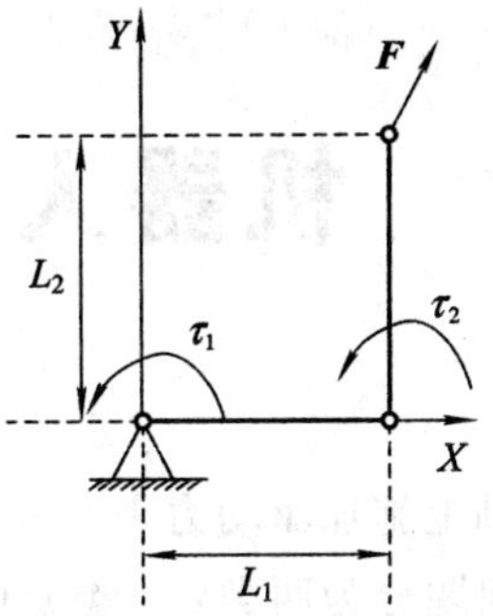

图 5-11 求生成力 F 的关节驱动力矩

解： 根据例 5-3 计算的雅可比矩阵并代入关节角值得

$$\boldsymbol{J}(\boldsymbol{\theta})=\begin{bmatrix} -L_1 s_1 - L_2 s_{12} & -L_2 s_{12} \\ L_1 c_1 + L_2 c_{12} & L_2 c_{12} \end{bmatrix}=\begin{bmatrix} -L_2 & -L_2 \\ L_1 & 0 \end{bmatrix}$$

再根据式(5-26)得关节驱动力矩为

$$\boldsymbol{\tau}=\boldsymbol{J}^{\mathrm{T}}\boldsymbol{F}=\begin{bmatrix} -L_2 & L_1 \\ -L_2 & 0 \end{bmatrix}\begin{bmatrix} f_x \\ f_y \end{bmatrix}=\begin{bmatrix} -L_2 f_x + L_1 f_y \\ -L_2 f_x \end{bmatrix}$$

在本例题中，根据关节驱动力矩 $\boldsymbol{\tau}$ 和生成手爪力 $\boldsymbol{F}$ 对两个关节的力矩相等的条件，可以得到相同的结果。但是如果机械臂结构比较复杂，且处于一般位置时直接计算力矩相等将非常复杂。

习 题

5-1 如图 5-12 所示三连杆平面机械臂，关节轴 1～3 互相平行。求该机械臂的雅可比矩阵。

5-2 如图 5-13 所示两连杆旋转平移平面机械臂，求该机械臂的雅可比矩阵。

5-3 求使图 5-13 机械臂末端产生静力矢量 ${}^{0}\boldsymbol{F}=10\boldsymbol{X}$ 的关节力(矩)。

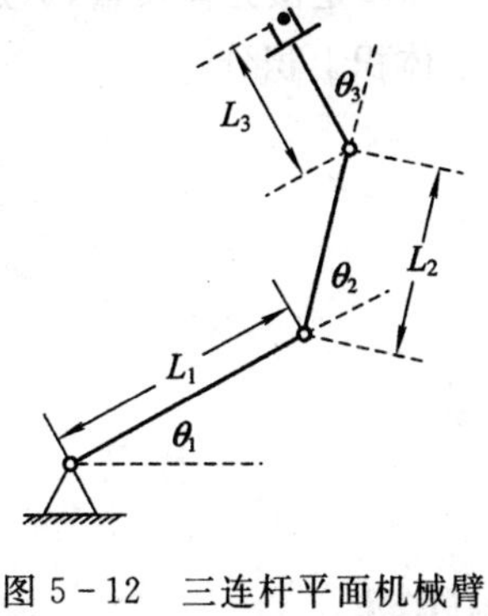

图 5-12 三连杆平面机械臂

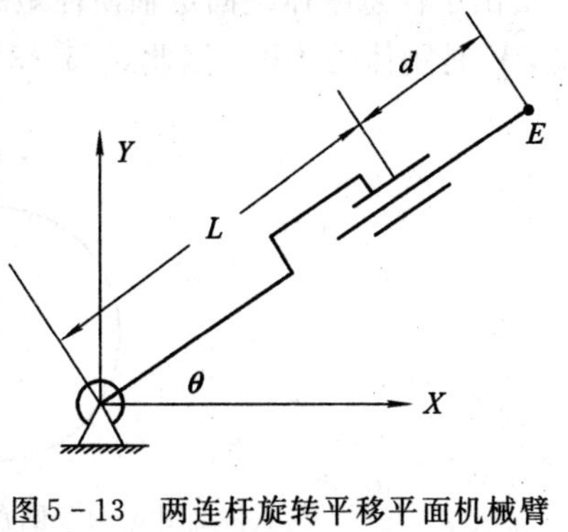

图 5-13 两连杆旋转平移平面机械臂

第 6 章 机器人动力学

机器人的运动是通过在关节轴上施加驱动力来实现的。机器人运动与驱动力的关系称为机器人动力学。机器人动力学问题分为两类：一类是已知作用在机器人上驱动力随时间的变化规律，求机器人的运动规律(位置、速度和加速度轨迹)，称为机器人正动力学问题；另一类是已知机器人随时间的运动规律，求期望的驱动力，称为机器人逆动力学问题。这两类问题的求解对机器人仿真和机器人控制是非常重要的。

6.1 刚体定轴转动与惯性矩

在物理学中，刚体定轴转动微分方程：

$$I\dot{\omega} = \tau \tag{6-1}$$

式中，I 称为绕固定轴的惯性矩(也称为转动惯量)，τ 是作用在固定轴上的合外力矩。对于一个质量为 m 的质点，其在直线上运动的动力学问题可以用牛顿第二定律描述：

$$m\dot{v}=f \quad 或 \quad m\ddot{x}=f \tag{6-2}$$

比较式(6-1)和式(6-2)可以发现，刚体定轴转动和质点直线运动的动力学方程的形式是完全相同的。因此，I 可以看成刚体定轴转动的惯性质量。

下面以图 6-1 所示质量为 M，半径为 r 的均匀圆盘绕过圆心的 Z 轴的惯性矩计算问题给出惯性矩的定义：

$$I=\int_V r^2\,\mathrm{d}m \tag{6-3}$$

式(6-3)给出了任意刚体绕固定轴惯性矩的定义，其中 dm 是微元体质量，r 是微元体到转轴的距离，V 是刚体的体积，因此式(6-3)表示在整个体积上积分。

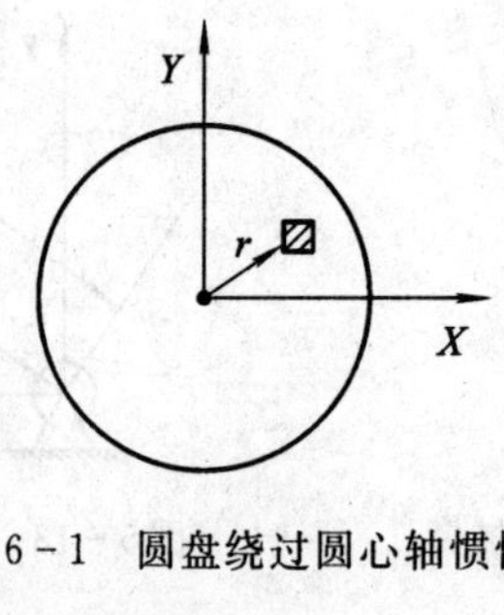

图 6-1 圆盘绕过圆心轴惯性矩

对于图 6-1 所示均匀圆盘，面密度 $\rho=M/(\pi R^2)$，取极坐标微元体，则

$$I=\int_V r^2\,\mathrm{d}m=\int_0^R\int_0^{2\pi} r^2\rho\cdot r\,\mathrm{d}r\,\mathrm{d}\theta=2\pi\rho\frac{R^4}{4}=2\pi\frac{M}{\pi R^2}\cdot\frac{R^4}{4}=\frac{1}{2}MR^2 \tag{6-4}$$

例 6-1　如图 6-2 所示匀质杆，质量为 M，杆长为 L，计算绕质心的惯性矩。

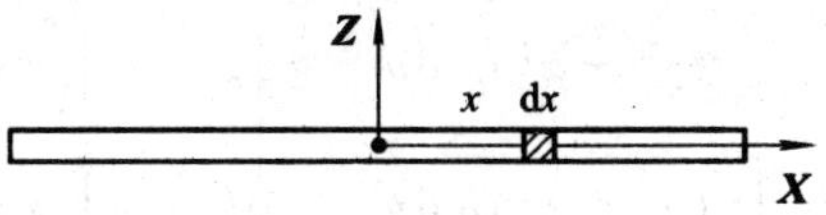

图 6-2　匀质杆绕质心惯性矩

解：匀质杆的线密度 $\rho=M/L$，取微元体 $\mathrm{d}x$，则

$$I=\int_{-L/2}^{L/2}x^2\,\mathrm{d}m=2\int_0^{L/2}x^2\rho\,\mathrm{d}x=2\rho\frac{(L/2)^3}{3}$$

$$=2\frac{M}{L}\cdot\frac{L^3}{3\times 8}=\frac{1}{12}ML^2$$

平行移轴定理：刚体绕任意平行于质心轴的惯性矩为

$$I={}^{C}I+Md^2 \tag{6-5}$$

式中，${}^{C}I$ 表示刚体绕质心轴的惯性矩，M 为刚体质量，d 为两轴之间的距离。若已知刚体绕质心轴的惯性矩，则刚体绕任意平行轴的惯性矩可以非常方便地利用平行移轴定理式(6-5)进行计算。例如，计算图 6-2 所示匀质杆绕杆端点的惯性矩，根据平行移轴定理

$$I={}^{C}I+Md^2=\frac{1}{12}ML^2+M\left(\frac{L}{2}\right)^2=\frac{1}{3}ML^2 \tag{6-6}$$

可以验证，式(6-6)计算结果与采用积分方法相同。

6.2　刚体的惯性张量

对于在三维空间自由运动的刚体，存在无穷多个可能转轴，计算绕所有转轴的惯性矩显然是不现实的。因此需要考虑这样的问题：是否存在一个量，它能够表示刚体绕任意转轴的惯性矩？答案是肯定的，该量就是刚体的惯性张量。惯性张量描述了刚体的三维质量分布，若在某坐标系下表示出来，它就是一个 3 阶对称矩阵。图 6-3 所示的一个刚体，其上定义了固连的坐标系$\{A\}$。

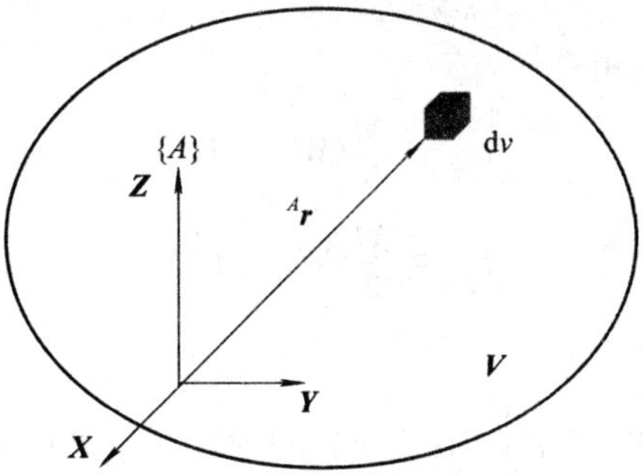

图 6-3　空间刚体的惯性张量

在坐标系$\{A\}$中惯性张量为

$${}^{A}\boldsymbol{I}=\begin{bmatrix} I_{xx} & -I_{xy} & -I_{xz}\\ -I_{xy} & I_{yy} & -I_{yz}\\ -I_{xz} & -I_{yz} & I_{zz}\end{bmatrix} \tag{6-7}$$

惯性张量是一个对称矩阵，各元素的值为

$$\begin{cases} I_{xx} = \int_V (y^2 + z^2)\rho \, dv \\ I_{yy} = \int_V (x^2 + z^2)\rho \, dv \\ I_{zz} = \int_V (x^2 + y^2)\rho \, dv \end{cases} \quad \begin{cases} I_{xy} = \int_V xy\rho \, dv \\ I_{xz} = \int_V xz\rho \, dv \\ I_{yz} = \int_V yz\rho \, dv \end{cases} \tag{6-8}$$

式中，dv 表示单元体；ρ 表示单元体密度，单元体的位置 $^A\boldsymbol{r}=[x\ y\ z]^T$。

惯性张量中 I_{xx}、I_{yy} 和 I_{zz} 称为惯性矩，交叉项 I_{xy}、I_{xz} 和 I_{yz} 称为惯性积。显然，惯性张量中元素的数值与坐标系的选择有关，一般存在某个坐标系，使得交叉项全为 0，该坐标系称为惯性主轴坐标系，坐标轴称为惯性主轴。对于质量均匀分布的规则物体，惯性主轴就是物体的对称轴。

例 6-2 如图 6-4 所示质量均匀分布的长方形刚体，密度为 ρ，质量为 M，计算其惯性张量。

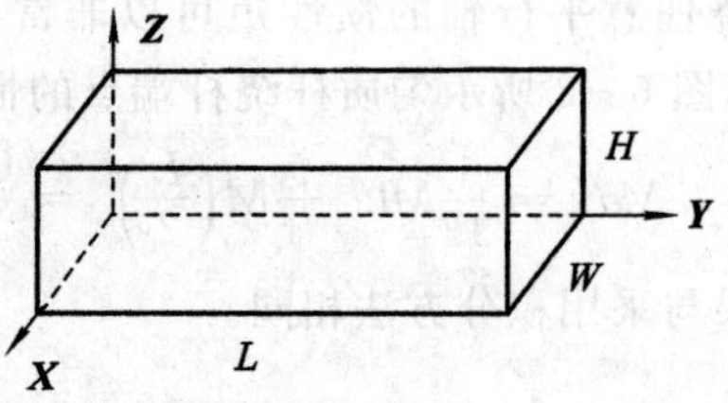

图 6-4 质量均匀分布的长方形刚体

解：单元体 $dv=dx\,dy\,dz$，根据式(6-8)得：

$$\begin{aligned} I_{xx} &= \int_V (y^2+z^2)\rho \, dv = \rho \int_0^H \int_0^L \int_0^W (y^2+z^2) dx\,dy\,dz \\ &= \rho W \int_0^H \int_0^L (y^2+z^2) dy\,dz = \rho W \int_0^H (L^3/3 + Lz^2) dz \\ &= \rho W \left(\frac{HL^3}{3} + \frac{LH^3}{3} \right) = \frac{M}{3}(L^2+H^2) \end{aligned}$$

同理可以得到另外两个惯性矩

$$I_{yy} = \frac{M}{3}(W^2+H^2)$$

$$I_{zz} = \frac{M}{3}(W^2+L^2)$$

下面计算惯性积

$$\begin{aligned} I_{xy} &= \int_V xy\rho \, dv = \rho \int_0^H \int_0^L \int_0^W xy \, dx\,dy\,dz = \rho \int_0^H \int_0^L \frac{yW^2}{2} dy\,dz \\ &= \frac{\rho W^2 L^2}{4} \int_0^H dz = \frac{\rho W^2 L^2 H}{4} = \frac{M}{4} WL \end{aligned}$$

同理可以得到另外两个惯性积

$$I_{xz} = \frac{M}{4}WH, \quad I_{yz} = \frac{M}{4}HL$$

至此，我们已经计算出了式(6-7)中的所有 6 个分量的值。对于惯性张量的计算问题，平行移轴定理也是成立的，下面给出其中两个表达式，其余的 4 个表达式与此类似：

$$\begin{cases} {}^{A}I_{zz} = {}^{C}I_{zz} + M(x_c^2 + y_c^2) \\ {}^{A}I_{xy} = {}^{C}I_{xy} + M(x_c y_c) \end{cases} \tag{6-9}$$

式中，$[x_c \ y_c \ z_c]^{\mathrm{T}}$ 是刚体质心在 $\{A\}$ 坐标系下的坐标。需要说明的是，在使用平行移轴定理时，$\{A\}$ 坐标系和质心坐标系 $\{C\}$ 的姿态必须相同。

例 6-3 如图 6-4 所示，求质量均匀分布的长方形刚体在质心坐标系(原点位于质心，坐标系姿态与原坐标系姿态相同)下表示的惯性张量。

解：根据平行移轴定理式(6-9)计算，其中

$$\begin{bmatrix} x_c \\ y_c \\ z_c \end{bmatrix} = \frac{1}{2}\begin{bmatrix} W \\ L \\ H \end{bmatrix}$$

因此得

$${}^{C}I_{zz} = {}^{A}I_{zz} - M(x_c^2 + y_c^2) = \frac{M}{3}(L^2 + W^2) - M\left[\left(\frac{L}{2}\right)^2 + \left(\frac{W}{2}\right)^2\right] = \frac{M}{12}(L^2 + W^2)$$

$${}^{C}I_{xy} = {}^{A}I_{xy} - M(x_c y_c) = \frac{M}{4}WL - M\left(\frac{L}{2} \times \frac{W}{2}\right) = 0$$

其他 4 个值可以采用类似的方法获得。在质心坐标系 $\{C\}$ 下，刚体的惯性张量为

$${}^{C}\boldsymbol{I} = \frac{M}{12}\begin{bmatrix} H^2 + L^2 & 0 & 0 \\ 0 & W^2 + H^2 & 0 \\ 0 & 0 & L^2 + W^2 \end{bmatrix} \tag{6-10}$$

结果是对角矩阵，此时坐标系 $\{C\}$ 的坐标轴是刚体的惯性主轴。

6.3 刚体的牛顿-欧拉方程

下面介绍描述单个刚体动力学的牛顿-欧拉方程。如图 6-5 所示，机械臂的一个连杆的动力学问题可以简化为单刚体动力学问题。在动力学分析过程中，把刚体的运动分解为质心的平移运动和绕质心的转动。一般将连体坐标系的原点固定在刚体的质心，这样坐标原点的运动描述刚体的平移运动，坐标系的转动描述刚体绕质心的旋转运动。

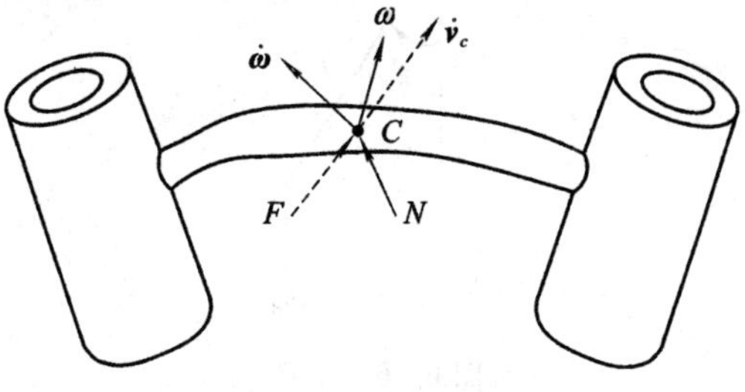

图 6-5 单刚体动力学

刚体质心的平动用牛顿第二定律描述

$$\boldsymbol{F} = M\dot{\boldsymbol{v}}_c \tag{6-11}$$

式中，M 表示刚体质量；$\boldsymbol{F}$ 表示作用在刚体上的合外力矢量；$\dot{\boldsymbol{v}}_c$ 表示质心速度矢量。

刚体绕质心的转动用欧拉方程描述

$$N = {}^C I\dot{\omega} + \omega \times {}^C I\omega \tag{6-12}$$

式中，${}^C I$ 表示刚体在质心坐标系{C}下表示的惯性张量；N 表示作用在刚体上的合外力矩矢量；ω 表示角速度矢量；$\dot{\omega}$ 表示角加速度矢量。

式(6-11)和式(6-12)一起称为刚体的牛顿-欧拉方程。分析机械臂的动力学问题时，首先对每个连杆列出牛顿-欧拉方程，同时需要分析连杆间的速度、加速度传递关系以及力的传递关系。上述分析过程比较复杂，有兴趣的读者可以参考文献[1]。

6.4 拉格朗日方程

上节介绍牛顿-欧拉方程是采用几何矢量方法建立每个连杆的动力学方程，方程中会出现约束力项。拉格朗日方程采用解析方法建立系统的动力学方程，在理想约束条件下，动力学方程中不出现约束力项。

定义拉格朗日函数

$$L = K - P \tag{6-13}$$

式中，K 是系统动能；P 是系统势能。

系统动力学方程为

$$F_i = \frac{\mathrm{d}}{\mathrm{d}t}\left(\frac{\partial L}{\partial \dot{q}_i}\right) - \frac{\partial L}{\partial q_i}, \quad i = 1, 2, \cdots, n \tag{6-14}$$

式中，q_i是描述系统位置的坐标，称为广义坐标；F_i是作用在q_i上的广义力。分量形式的方程式(6-14)也可以写成矢量形式

$$\boldsymbol{F} = \frac{\mathrm{d}}{\mathrm{d}t}\left(\frac{\partial L}{\partial \dot{\boldsymbol{q}}}\right) - \frac{\partial L}{\partial \boldsymbol{q}} \tag{6-15}$$

式(6-14)或式(6-15)称为第二类拉格朗日方程。

例 6-4　如图 6-6 所示单摆由一根无质量杆末端连接一集中质量 m，杆长为 l，其上作用力矩 τ，试建立系统的动力学方程。

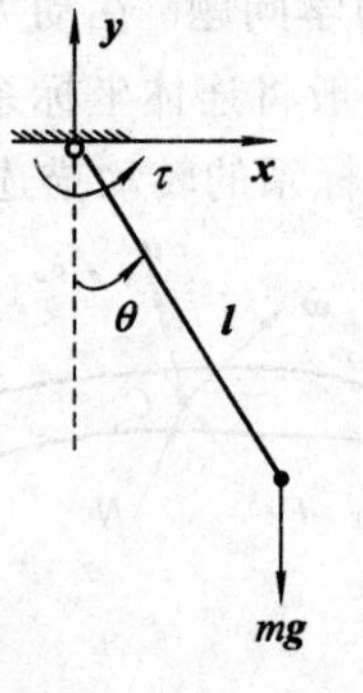

图 6-6　单摆

解：(1) 牛顿-欧拉方法。单摆运动可以简化为刚体的定轴转动，其动力学方程为

$$I\ddot{\theta} = N$$

转动惯量和合外力矩计算如下

$$I = ml^2$$

$$N = \tau - mgl\ \sin\theta$$

因此，系统的动力学为

$$ml^2\ddot{\theta} + mgl\ \sin\theta = \tau$$

(2) 拉格朗日方程。选择 θ 为描述单摆位置的广义坐标，先用广义坐标表示集中质量的位置，然后再对时间求导得到速度

$$x = l\ \sin\theta,\quad y = -l\ \cos\theta$$
$$\dot{x} = l\dot{\theta}\ \cos\theta,\quad \dot{y} = l\dot{\theta}\ \sin\theta$$

系统的动能为

$$K = \frac{1}{2}mv^2 = \frac{m}{2}(\dot{x}^2 + \dot{y}^2) = \frac{m}{2}(l^2\dot{\theta}^2\cos^2\theta + l^2\dot{\theta}^2\sin^2\theta) = \frac{1}{2}ml^2\dot{\theta}^2$$

取坐标原点为势能零点，则系统的势能为

$$P = mgy = -mgl\ \cos\theta$$

系统的拉格朗日函数为

$$L = K - P = \frac{1}{2}ml^2\dot{\theta}^2 + mgl\cos\theta$$

根据式(6－14)计算相应的导数

$$\frac{\mathrm{d}}{\mathrm{d}t}\left(\frac{\partial L}{\partial\dot{\theta}}\right) = \frac{\mathrm{d}}{\mathrm{d}t}(ml^2\dot{\theta}) = ml^2\ddot{\theta}$$

$$\frac{\partial L}{\partial\theta} = -mgl\ \sin\theta$$

代入到拉格朗日方程得系统的动力学方程

$$\tau = ml^2\ddot{\theta} + mgl\ \sin\theta$$

计算结果与采用牛顿-欧拉方法计算的结果相同。本例题采用拉格朗日方法求解比采用牛顿-欧拉方法求解复杂，其目的主要是为了说明拉格朗日方程的使用方法和求解步骤。

例 6－5　如图 6－7 所示两连杆平面机械臂。连杆长分别为 L_1 和 L_2，连杆质量分别为 m_1 和 m_2，质心到杆端点距离分别为 L_{c1} 和 L_{c2}，两连杆绕质心转动惯量分别为 I_{c1} 和 I_{c2}，两个关节上作用驱动力矩分别为 τ_1 和 τ_2，试建立系统的动力学方程。

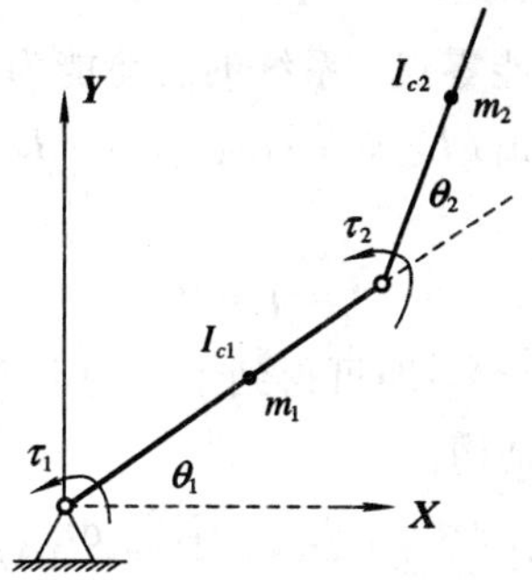

图 6－7　两连杆平面机械臂

解：　非定轴转动刚体的动能表示为质心平移动能和绕质心转动动能之和

$$K = \frac{1}{2}mv_c^2 + \frac{1}{2}I_c\omega^2$$

其中，v_c 是质心速度的大小，ω 是刚体的角速度。因此，两连杆的动能分别为

$$K_1 = \frac{1}{2}m_1 v_{c1}^2 + \frac{1}{2}I_{c1}\omega_1^2, \quad K_2 = \frac{1}{2}m_2 v_{c2}^2 + \frac{1}{2}I_{c2}\omega_2^2$$

选择 θ_1 和 θ_2 为描述连杆位置的广义坐标，先用广义坐标表示质心的位置，

$$x_{C1} = L_{c1}c_1, \quad y_{C1} = L_{C1}s_1$$

$$x_{C2} = L_1 c_1 + L_{C2}c_{12}, \quad y_{C2} = L_1 s_1 + L_{C2}s_{12}$$

再对时间求导得到质心的速度

$$\dot{x}_{C1} = -L_{C1}s_1\dot{\theta}_1, \quad \dot{y}_{C1} = L_{C1}c_1\dot{\theta}_1$$

$$\dot{x}_{C2} = -L_1 s_1\dot{\theta}_1 - L_{C2}s_{12}(\dot{\theta}_1 + \dot{\theta}_2), \quad \dot{y}_{C2} = L_1 c_1\dot{\theta}_1 + L_{C2}c_{12}(\dot{\theta}_1 + \dot{\theta}_2)$$

两连杆的转动角速度分别为

$$\omega_1 = \dot{\theta}_1, \quad \omega_2 = \dot{\theta}_1 + \dot{\theta}_2$$

因此，两连杆的动能为

$$K_1 = \frac{1}{2}m_1(\dot{x}_{C1}^2 + \dot{y}_{C1}^2) + \frac{1}{2}I_{C1}\dot{\theta}_1^2 = \frac{1}{2}(I_{C1} + m_1 L_{C1}^2)\dot{\theta}_1^2$$

$$\begin{aligned}
K_2 &= \frac{1}{2}m_2(\dot{x}_{C2}^2 + \dot{y}_{C2}^2) + \frac{1}{2}I_{C2}(\dot{\theta}_1 + \dot{\theta}_2)^2 \\
&= \frac{1}{2}m_2[L_1^2\dot{\theta}_1^2 + L_{C2}^2(\dot{\theta}_1 + \dot{\theta}_2)^2 + 2L_1 L_{C2}c_2\dot{\theta}_1(\dot{\theta}_1 + \dot{\theta}_2)] + \frac{1}{2}I_{C2}(\dot{\theta}_1 + \dot{\theta}_2)^2 \\
&= \frac{1}{2}[I_{C2} + m_2(L_1^2 + L_{C2}^2 + 2L_1 L_{C2}c_2)]\dot{\theta}_1^2 + \frac{1}{2}[I_{C2} + mL_{C2}^2]\dot{\theta}_2^2 \\
&\quad + [I_{C2} + m_2 L_{C2}^2 + m_2 L_1 L_{C2}c_2]\dot{\theta}_1\dot{\theta}_2
\end{aligned}$$

系统的总动能可以表示为

$$K = K_1 + K_2 = \frac{1}{2}\dot{\boldsymbol{q}}^{\mathrm{T}}\boldsymbol{M}\dot{\boldsymbol{q}} = \frac{1}{2}[\dot{\theta}_1 \quad \dot{\theta}_2]\begin{bmatrix} M_{11} & M_{12} \\ M_{21} & M_{22} \end{bmatrix}\begin{bmatrix} \dot{\theta}_1 \\ \dot{\theta}_2 \end{bmatrix}$$

式中，

$$M_{11} = I_{C1} + I_{C2} + m_1 L_{C1}^2 + m_2(L_1^2 + L_{C2}^2 + 2L_1 L_{C2}c_2)$$

$$M_{21} = M_{12} = I_{C2} + m_2(L_{C2}^2 + L_1 L_{C2}c_2)$$

$$M_{22} = I_{C2} + mL_{C2}^2$$

取固定在基座处的坐标原点为势能零点，系统的总势能为

$$P = m_1 g L_{C1}s_1 + m_2 g(L_1 s_1 + L_{C2}s_{12})$$

系统的拉格朗日函数为

$$L = K - P$$

直接代入到拉格朗日方程式(6-14)，即可得到系统的动力学方程。当然，导数的计算过程是比较复杂的。下面分析方程的结构。

$$\begin{aligned}
\frac{\mathrm{d}}{\mathrm{d}t}\left(\frac{\partial L}{\partial\dot{\boldsymbol{q}}}\right) - \frac{\partial L}{\partial\boldsymbol{q}} &= \frac{\mathrm{d}}{\mathrm{d}t}\left(\frac{\partial K}{\partial\dot{\boldsymbol{q}}}\right) + \frac{\partial P}{\partial\boldsymbol{q}} - \frac{\partial K}{\partial\boldsymbol{q}} = \frac{\mathrm{d}}{\mathrm{d}t}(\boldsymbol{M}(\boldsymbol{q})\dot{\boldsymbol{q}}) + \frac{\partial P}{\partial\boldsymbol{q}} - \frac{\partial K}{\partial\boldsymbol{q}} \\
&= \dot{\boldsymbol{M}}\dot{\boldsymbol{q}} + \boldsymbol{M}\ddot{\boldsymbol{q}} - \frac{1}{2}\dot{\boldsymbol{q}}^{\mathrm{T}}\frac{\partial\boldsymbol{M}}{\partial\boldsymbol{q}}\dot{\boldsymbol{q}} + \frac{\partial P}{\partial\boldsymbol{q}}
\end{aligned}$$

拉格朗日方程可以表示为

$$\boldsymbol{M}(\boldsymbol{q})\ddot{\boldsymbol{q}} + \boldsymbol{C}(\boldsymbol{q},\dot{\boldsymbol{q}}) + \boldsymbol{G} = \boldsymbol{\tau} \tag{6-16}$$

式中，$\boldsymbol{M}$ 是对称正定质量矩阵；$\boldsymbol{C}$ 是离心力和柯氏力项；$\boldsymbol{G}$ 是重力项。$\boldsymbol{C}$ 和 $\boldsymbol{G}$ 如下：

$$\boldsymbol{C}=\dot{\boldsymbol{M}}\dot{\boldsymbol{q}}-\frac{1}{2}\dot{\boldsymbol{q}}^{\mathrm{T}}\frac{\partial \boldsymbol{M}}{\partial \boldsymbol{q}}\dot{\boldsymbol{q}},\quad G=\frac{\partial P}{\partial \boldsymbol{q}}$$

下面计算各量的具体值。

$$\frac{\partial K}{\partial\theta_1}=-\frac{1}{2}\dot{\boldsymbol{q}}^{\mathrm{T}}\frac{\partial \boldsymbol{M}}{\partial\theta_1}\dot{\boldsymbol{q}}=0$$

$$\begin{aligned}\frac{\partial K}{\partial\theta_2}&=\frac{1}{2}\begin{bmatrix}\dot\theta_1 & \dot\theta_2\end{bmatrix}\begin{bmatrix}-2m_2L_1L_{C2}s_2 & -m_2L_1L_{C2}s_2\\ -m_2L_1L_{C2}s_2 & 0\end{bmatrix}\begin{bmatrix}\dot\theta_1\\ \dot\theta_2\end{bmatrix}\\ &=-m_2L_1L_{C2}s_2(\dot\theta_1^2+\dot\theta_1\dot\theta_2)\end{aligned}$$

$$\begin{aligned}\dot{\boldsymbol{M}}\dot{\boldsymbol{q}}&=\begin{bmatrix}-2m_2L_1L_{C2}s_2\dot\theta_2 & -m_2L_1L_{C2}s_2\dot\theta_2\\ -m_2L_1L_{C2}s_2\dot\theta_2 & 0\end{bmatrix}\begin{bmatrix}\dot\theta_1\\ \dot\theta_2\end{bmatrix}\\ &=-m_2L_1L_{C2}s_2\dot\theta_2\begin{bmatrix}2 & 1\\ 1 & 0\end{bmatrix}\begin{bmatrix}\dot\theta_1\\ \dot\theta_2\end{bmatrix}\\ &=\begin{bmatrix}-m_2L_1L_{C2}s_2(2\dot\theta_1\dot\theta_2+\dot\theta_2^2)\\ -m_2L_1L_{C2}s_2\dot\theta_1\dot\theta_2\end{bmatrix}\end{aligned}$$

$$\boldsymbol{C}=\dot{\boldsymbol{M}}\dot{\boldsymbol{q}}-\frac{1}{2}\dot{\boldsymbol{q}}^{\mathrm{T}}\frac{\partial \boldsymbol{M}}{\partial \boldsymbol{q}}\dot{\boldsymbol{q}}=m_2L_1L_{C2}s_2\begin{bmatrix}-(2\dot\theta_1\dot\theta_2+\dot\theta_2^2)\\ \dot\theta_1^2\end{bmatrix}$$

$$\boldsymbol{G}=\frac{\partial P}{\partial \boldsymbol{q}}=\begin{bmatrix}(m_1L_{C1}c_1+m_2L_{C2}c_{12})g\\ m_2L_{C2}c_{12}g\end{bmatrix}$$

代入到式(6-16)即可得到系统的动力学方程。在 $\boldsymbol{C}$ 的表达式中，角速度平方项表示离心力项，交叉项表示柯氏力项。

例 6-6　如图 6-8 所示在竖直平面内运动的小车倒立摆系统，假设小车质量为 M，倒立摆连杆长度为 L，末端集中质量为 m，重力加速度为 g，忽略连杆质量和转动惯量。选择图中给定的坐标系，用广义坐标(x 和 θ) 表示小车中心和倒立摆集中质量的位置，试计算系统的动能和势能，并采用拉格朗日方法建立系统的动力学方程。

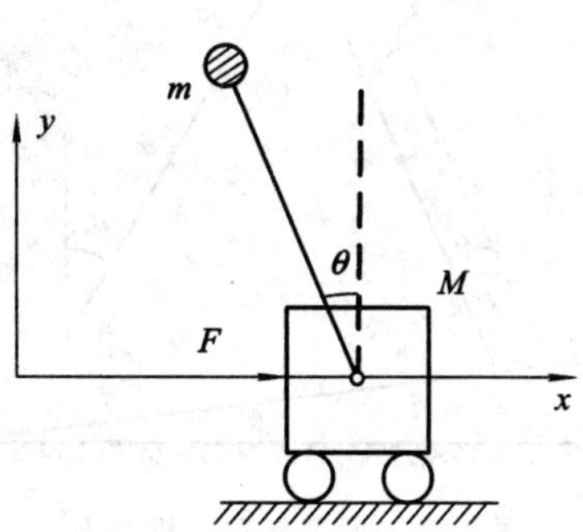

图 6-8　小车倒立摆系统

解： 先用广义坐标表示两个集中质量的位置，然后计算其速度

$$\begin{cases}x_M=x\\ y_M=0\end{cases}\qquad\begin{cases}\dot x_M=\dot x\\ \dot y_M=0\end{cases}$$

$$\begin{cases}x_m=x-L\sin\theta\\ y_m=L\cos\theta\end{cases}\qquad\begin{cases}\dot x_m=\dot x-L\dot\theta\cos\theta\\ \dot y_m=-L\dot\theta\sin\theta\end{cases}$$

系统的动能为

$$\begin{cases} K_M=\dfrac{1}{2}M(\dot{x}_M^2+\dot{y}_M^2)=\dfrac{1}{2}M\dot{x}^2 \\ K_m=\dfrac{1}{2}m(\dot{x}_m^2+\dot{y}_m^2)=\dfrac{1}{2}m(\dot{x}^2+L^2\dot{\theta}^2-2L\dot{x}\dot{\theta}\cos\theta) \\ K=K_M+K_m=\dfrac{1}{2}(M+m)\dot{x}^2+\dfrac{1}{2}mL^2\dot{\theta}^2-mL\dot{x}\dot{\theta}\cos\theta \end{cases}$$

取 $y=0$ 为势能零点，则 $P=mgL\cos\theta$，将 $L=K-P$ 代入拉格朗日方程得

$$\frac{\mathrm{d}}{\mathrm{d}t}\left(\frac{\partial L}{\partial \dot{\boldsymbol{q}}}\right)-\frac{\partial L}{\partial \boldsymbol{q}}=\boldsymbol{F}\Rightarrow\begin{cases}(M+m)\ddot{x}-mL\ddot{\theta}\cos\theta+mL\dot{\theta}^2\sin\theta=F \\ mL^2\ddot{\theta}-mL\cos\theta\ddot{x}-mLg\sin\theta=0\end{cases}$$

6.5　双足机器人动力学

日本的类人机器人 ASIMO 和 HRP-2P 代表了双足机器人研究的最高水平。机器人一般采用零力矩点(Zero Moment Point，ZMP)方法规划机器人关节的轨迹，然后通过控制伺服电机使机器人的关节跟踪规划的轨迹。该方法的主要缺点是计算非常复杂，同时和人类行走相比需要消耗非常多的能量。

图 6-9 所示的被动行走(Passive Dynamic Walking，PDW)机器人不需要外部的能量输入，可以在重力的作用下稳定地走下小的斜坡。在行走的每一步，机器人从重力势能的变化中获取能量，脚与地面的冲击作用耗散机器人的能量。如果初始条件和坡度的组合适当，每一步获取的能量和耗散的能量恰好平衡，就可以得到稳定的双足被动行走步态。双足被动行走步态设计通常采用牛顿迭代算法，对于给定的坡度和机器人模型，确定机器人运动的初始条件。

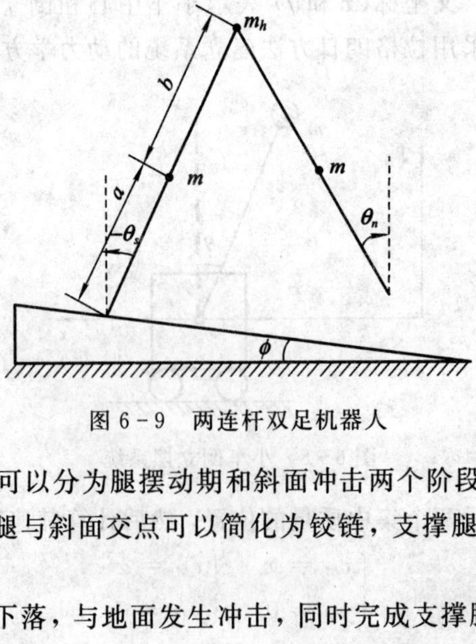

图 6-9　两连杆双足机器人

双足机器人行走过程可以分为腿摆动期和斜面冲击两个阶段。

在腿摆动阶段，支撑腿与斜面交点可以简化为铰链，支撑腿绕该点转动，摆动腿从支撑腿后方摆动到其前面。

在冲击阶段，摆动腿下落，与地面发生冲击，同时完成支撑腿和摆动腿的转换。

1. 腿摆动阶段动力学模型

图 6-10 给出了双足机器人腿摆动阶段的简图，忽略转动惯量的影响。支撑腿与铅垂

线夹角为 θ_1，摆动腿与铅垂线夹角为 θ_2，假设 $a=b=l/2$，其中 l 为腿的长度。可以采用和前面相同的方法建立双足机器人的动力学方程。

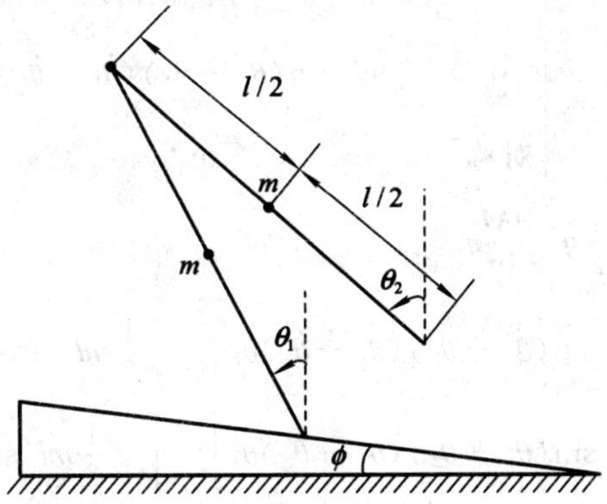

图 6-10　腿摆动阶段动力学

集中质量的位置和速度为

$$\begin{cases} x_1 = -\dfrac{l}{2}s_1 \\ y_1 = \dfrac{l}{2}c_1 \end{cases} \Rightarrow \begin{cases} \dot{x}_1 = -\dfrac{l}{2}c_1\dot{\theta}_1 \\ \dot{y}_1 = -\dfrac{l}{2}s_1\dot{\theta}_1 \end{cases}$$

$$\begin{cases} x_h = -ls_1 \\ y_h = lc_1 \end{cases} \Rightarrow \begin{cases} \dot{x}_h = -lc_1\dot{\theta}_1 \\ \dot{y}_h = -ls_1\dot{\theta}_1 \end{cases}$$

$$\begin{cases} x_2 = -ls_1 + \dfrac{l}{2}s_2 \\ y_2 = lc_1 - \dfrac{l}{2}c_2 \end{cases} \Rightarrow \begin{cases} \dot{x}_2 = -lc_1\dot{\theta}_1 + \dfrac{l}{2}c_2\dot{\theta}_2 \\ \dot{y}_2 = -ls_1\dot{\theta}_1 + \dfrac{l}{2}s_2\dot{\theta}_2 \end{cases}$$

系统的动能

$$K_1 = \frac{1}{2}m(\dot{x}_1^2 + \dot{y}_1^2) = \frac{1}{2}\left(\frac{ml^2}{4}\right)\dot{\theta}_1^2$$

$$K_h = \frac{1}{2}m_h(\dot{x}_h^2 + \dot{y}_h^2) = \frac{1}{2}m_h l^2\dot{\theta}_1^2$$

$$K_2 = \frac{1}{2}m(\dot{x}_2^2 + \dot{y}_2^2) = \frac{1}{2}m\left[l^2\dot{\theta}_1^2 + \frac{l^2}{4}\dot{\theta}_2^2 - l^2\cos(\theta_1-\theta_2)\dot{\theta}_1\dot{\theta}_2\right]$$

$$K = K_1 + K_2 + K_h = \frac{1}{2}[\dot{\theta}_1 \quad \dot{\theta}_1]\boldsymbol{M}\begin{bmatrix}\dot{\theta}_1 \\ \dot{\theta}_2\end{bmatrix}$$

$$\boldsymbol{M} = \begin{bmatrix} \left(m_h + \dfrac{5m}{4}\right)l^2 & -\dfrac{1}{2}ml\cos(\theta_1-\theta_2) \\ -\dfrac{1}{2}ml^2\cos(\theta_1-\theta_2) & \dfrac{1}{4}ml^2 \end{bmatrix}$$

取腿支撑点为势能零点，系统势能为

$$P = \frac{mgl}{2}c_1 + m_h glc_1 + mg\left(lc_1 - \frac{l}{2}c_2\right) = \left(m_h + \frac{3}{2}m\right)glc_1 - \frac{ml}{2}gc_2$$

计算对时间导数，

$$\frac{\partial \boldsymbol{M}}{\partial \theta_1}=\begin{bmatrix} 0 & \frac{1}{2}ml^2\sin(\theta_1-\theta_2) \\ \text{对称} & 0 \end{bmatrix} \quad \frac{\partial \boldsymbol{M}}{\partial \theta_2}=\begin{bmatrix} 0 & -\frac{1}{2}ml^2\sin(\theta_1-\theta_2) \\ \text{对称} & 0 \end{bmatrix}$$

$$\dot{\boldsymbol{M}}=\begin{bmatrix} 0 & \frac{1}{2}ml^2\sin(\theta_1-\theta_2)(\dot{\theta}_1-\dot{\theta}_2) \\ \text{对称} & 0 \end{bmatrix}$$

$$\begin{aligned}\boldsymbol{C}&=\dot{\boldsymbol{M}}\dot{\boldsymbol{q}}-\frac{1}{2}\dot{\boldsymbol{q}}^{T}\frac{\partial \boldsymbol{M}}{\partial \boldsymbol{q}}\dot{\boldsymbol{q}} \\ &=\begin{bmatrix} \frac{1}{2}ml^2\sin(\theta_1-\theta_2)(\dot{\theta}_1-\dot{\theta}_2)\dot{\theta}_2 \\ \frac{1}{2}ml^2\sin(\theta_1-\theta_2)(\dot{\theta}_1-\dot{\theta}_2)\dot{\theta}_1 \end{bmatrix}-\begin{bmatrix} \frac{1}{2}ml^2\sin(\theta_1-\theta_2)\dot{\theta}_1\dot{\theta}_2 \\ -\frac{1}{2}ml^2\sin(\theta_1-\theta_2)\dot{\theta}_1\dot{\theta}_2 \end{bmatrix} \\ &=\begin{bmatrix} -\frac{1}{2}ml^2\sin(\theta_1-\theta_2)\dot{\theta}_2^2 \\ \frac{1}{2}ml^2\sin(\theta_1-\theta_2)\dot{\theta}_1^2 \end{bmatrix}\end{aligned}$$

$$\boldsymbol{G}=\frac{\partial P}{\partial \boldsymbol{q}}=\begin{bmatrix} -\left(m_h+\frac{3}{2}m\right)gls_1 \\ \frac{1}{2}mlgs_2 \end{bmatrix}$$

最后得到腿摆动阶段的动力学方程：

$$\boldsymbol{M}(\boldsymbol{q})\ddot{\boldsymbol{q}}+\boldsymbol{C}(\boldsymbol{q},\dot{\boldsymbol{q}})+\boldsymbol{G}=0 \tag{6-17}$$

2. 地面瞬时冲击

假设地面冲击作用是瞬时的，采用下面假设

(1) 冲击是完全塑性的；

(2) 冲击的同时完成支撑腿与摆动腿的转换；

(3) 冲击时腿与地面之间没有滑动。

根据动量矩守恒可以得到冲击前后的速度关系

$$\boldsymbol{Q}^{+}(\alpha)\dot{\boldsymbol{\theta}}^{+}=\boldsymbol{Q}^{-}(\alpha)\dot{\boldsymbol{\theta}}^{-} \tag{6-18}$$

式中，$\alpha=(\theta_1^{-}-\theta_2^{-})/2$；上标“－”和“＋”分别代表冲击前和冲击后的相应量。

$$\boldsymbol{Q}^{+}(\alpha)=\begin{bmatrix} -\frac{ml^2}{2}\cos(2\alpha) & \frac{ml^2}{4} \\ \left(\frac{5ml^2}{4}+m_Hl^2\right)-\frac{ml^2}{2}\cos(2\alpha) & \frac{ml^2}{4}-\frac{ml^2}{2}\cos(2\alpha) \end{bmatrix} \tag{6-19}$$

$$\boldsymbol{Q}^{-}(\alpha)=\begin{bmatrix} -\frac{ml^2}{4} & 0 \\ (m+m_H)l^2\cos(2\alpha)-\frac{ml^2}{4} & -\frac{ml^2}{4} \end{bmatrix} \tag{6-20}$$

冲击结束后，两腿的角色互换，因此有 $\theta_1^+ = \theta_2^-, \theta_2^+ = \theta_1^-$。定义摆动腿末端到行走平面的距离

$$y_{tip} = l[\cos(\theta_1 + \phi) - \cos(\theta_2 + \phi)] \tag{6-21}$$

对时间求导可以得到

$$\dot{y}_{tip} = l[\dot{\theta}_2 \cos(\theta_2 + \phi) - \dot{\theta}_1 \cos(\theta_1 + \phi)] \tag{6-22}$$

冲击时应该满足以下条件：

(1)（$\theta_2 > \theta_1$），摆动腿在支撑腿之前。

(2)（$y_{tip} = 0$），摆动腿与地面接触。

(3)（$\dot{y}_{tip} < 0$），摆动腿的末端向下运动。

3. 周期步态与极限环

定义状态变量 $\boldsymbol{x}=[\boldsymbol{\theta}, \dot{\boldsymbol{\theta}}]^{\mathrm{T}}$，考虑没有力矩输入的被动行走，双足机器人的行走模型由式(6-17)～式(6-20)组成一个混合系统：

$$\begin{cases} \dot{\boldsymbol{x}} = \boldsymbol{f}(\boldsymbol{x}) \\ \boldsymbol{x}(0) = \boldsymbol{x}_0 \end{cases} \quad \text{swing} \tag{6-23}$$

$$\boldsymbol{x}^+ = \boldsymbol{h}(\boldsymbol{x}^-) \quad \text{events}$$

式中，“swing”表示腿摆动阶段；“events”表示腿与地面冲击；“−”和“+”分别代表冲击前和冲击后的状态变量。双足机器人的周期步态对应系统的周期，解 $\boldsymbol{x}(t) = \boldsymbol{x}(t+T)$ 中 T 是步态的周期。系统式(6-23)的解可以表示为 $\boldsymbol{x}(t)=\boldsymbol{\varphi}(\boldsymbol{x}_0, t)$，如果存在 $\boldsymbol{x}^*$ 和时间 T 使得 $\boldsymbol{x}^* = \boldsymbol{\varphi}(\boldsymbol{x}^*, T)$，则 $\boldsymbol{x}(t)=\boldsymbol{\varphi}(\boldsymbol{x}^*, t)$是一个周期解。对于二维状态空间，周期解对应于一个闭环，如果周期解是孤立的，称其为极限环。若从极限环附近出发的解收敛到极限环，则称极限环是稳定的。双足机器人周期被动行走步态对应于系统式(6-23)的稳定极限环。

搜索极限环的一种方法是确定系统的初始状态 $\boldsymbol{x}^*$ 和周期 T，使得 $\boldsymbol{x}^* = \boldsymbol{\varphi}(\boldsymbol{x}^*, T)$。确定周期解的常用方法是庞加莱映射，具体方法是选择庞加莱截面 Γ 使系统式(6-23)的解曲线与之相交。可以得到庞加莱映射(见图 6-11)

$$\boldsymbol{x}^{i+1} = \boldsymbol{p}(\boldsymbol{x}^i) \tag{6-24}$$

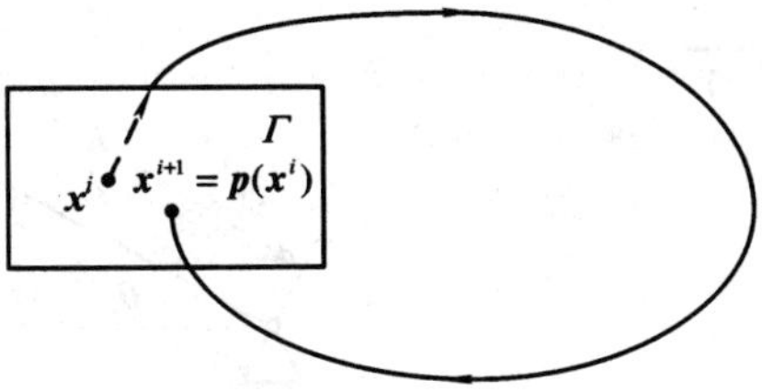

图 6-11　庞加莱映射示意图

极限环对应庞加莱映射的不动点 $\boldsymbol{x}^i = \boldsymbol{p}(\boldsymbol{x}^i)$。通过庞加莱映射技术，极限环搜索转换成解非线性方程组式(6-24)问题。定义 $\boldsymbol{r}(\boldsymbol{x}^i) = \boldsymbol{p}(\boldsymbol{x}^i) - \boldsymbol{x}^i$，可以使用牛顿(Newton)法求方程组(6-24)的根

$$\boldsymbol{x}^{i+1} = \boldsymbol{x}^i - [D_x \boldsymbol{r}(\boldsymbol{x}^i)]^{-1} \boldsymbol{r}(\boldsymbol{x}^i) \tag{6-25}$$

图 6-12 和图 6-13 给出了斜坡角度 ϕ 为 1°、3°和 5°时，支撑腿和摆动腿的相平面图。

从图中可以看出，机器人行走的步长和行走速度随着斜坡角度 ϕ 的增加而增加。然而，理论和实践都已经表明，当斜坡角度 ϕ 增大到一定值时，机器人不存在周期行走步态。

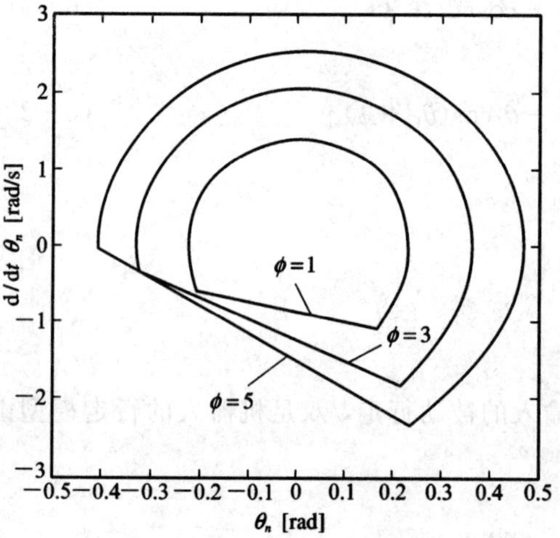

图 6-12　非支撑腿极限环

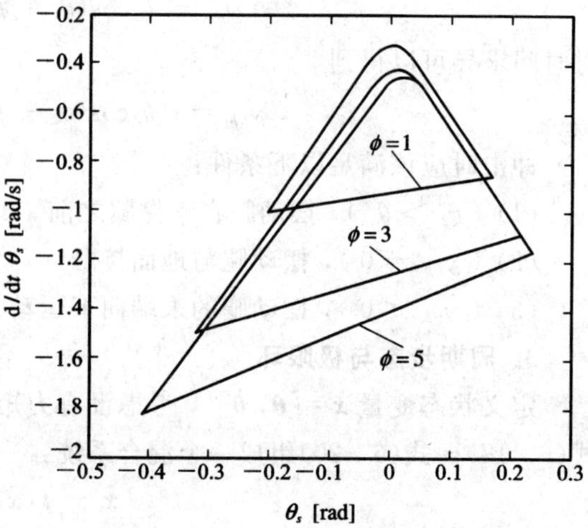

图 6-13　支撑腿极限环

习　题

6-1　求如图 6-14 所示匀质圆柱形刚体的惯性张量，假设其质量为 M，直径为 D，高为 L。取坐标系原点位于其质心，Z 轴沿圆柱的对称轴。

6-2　如图 6-15 所示两连杆平面机械臂，忽略连杆的质量和转动惯量，只考虑两个连杆末端的集中质量 M_1 和 M_2。采用拉格朗日方法建立该机械臂的动力学方程。

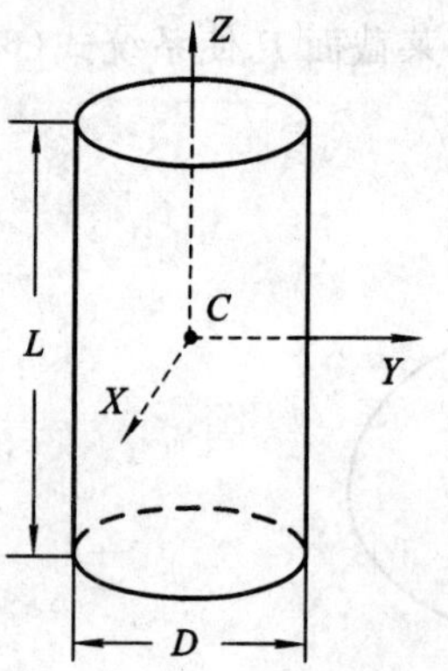

图 6-14　匀质圆柱形刚体

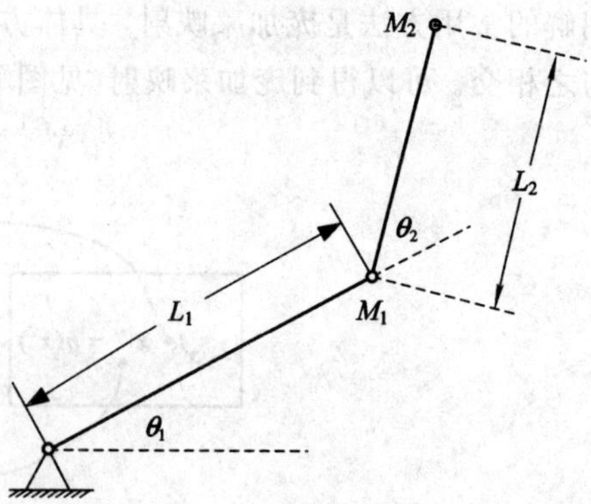

图 6-15　两连杆平面机械臂

6-3　如图 6-16 所示两连杆旋转平移平面机械臂，假设第一个连杆的质心位于 $L/2$ 处，质量为 m，绕质心的转动惯量为 I，第二根杆末端的集中质量 M 并忽略其转动惯量影响。采用拉格朗日方法建立该机械臂的动力学方程。

6-4　建立图 6-17 所示的两连杆空间机械臂的动力学方程。假设每个连杆的质量可以视为集中在连杆末端的集中质量，其大小分别为 m_1 和 m_2，杆的长度分别为 l_1 和 l_2。

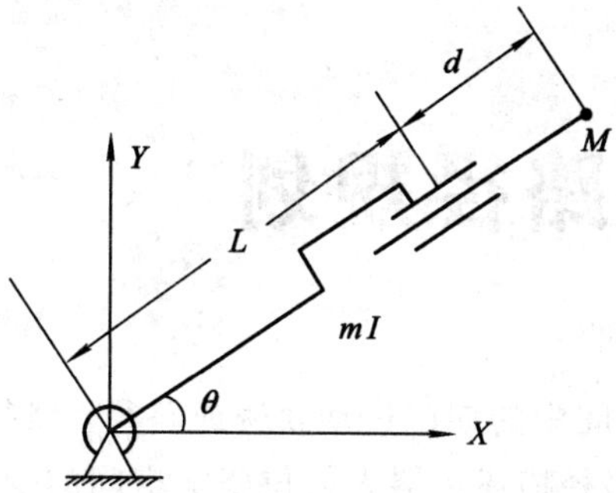

图 6－16　两连杆旋转平移平面机械臂

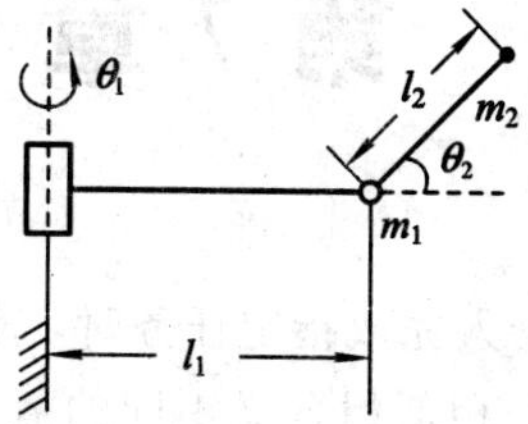

图 6－17　两连杆空间机械臂

第 7 章　机器人路径规划

在机器人完成指定任务时，需要规划机器人在空间中的期望运动轨迹或路径。路径和轨迹是两个相似但含义不同的概念，机器人运动的路径描述机器人的位姿随空间的变化，而机器人运动的轨迹描述机器人的位姿随时间的变化。所谓轨迹，是指机器人每个自由度的位置、速度和加速度的时间历程。本章将介绍移动机器人路径规划和机械臂的轨迹规划问题。

7.1　移动机器人路径规划

移动机器人路径规划的任务是指，在已知机器人初始位姿、给定机器人目标位姿的条件下，在存在障碍的环境中规划一条无碰撞、时间(能量)最优的路径。若已知环境地图，即已知机器人模型和障碍模型，可以采用基于模型的路径规划。若机器人在未知或动态环境中移动，机器人需要向目标移动，同时需要使用传感器探测障碍，称为基于传感器的路径规划。本节主要介绍基于模型的路径规划方法。

为了简化问题描述，假定机器人为两个自由度，即只考虑机器人的位置，不考虑其姿态。任务是规划一条路径，使得机器人从起点达到目标点(终点)，同时不与环境中的障碍发生碰撞。

以平面全向移动机器人为例，假设机器人为半径为 r 的圆形机构。首先，由于机器人可以全方向移动，所以可以忽略移动机器人的方向(姿态的自由度)。其次，因为能用圆表示机器人，所以可把障碍物沿径向扩张 r 的宽度，同时将机器人收缩成一个点(如图 7-1 所示)。因此，移动机器人路径规划可以简化为在扩张了障碍物的地图上点机器人的路径规划问题。

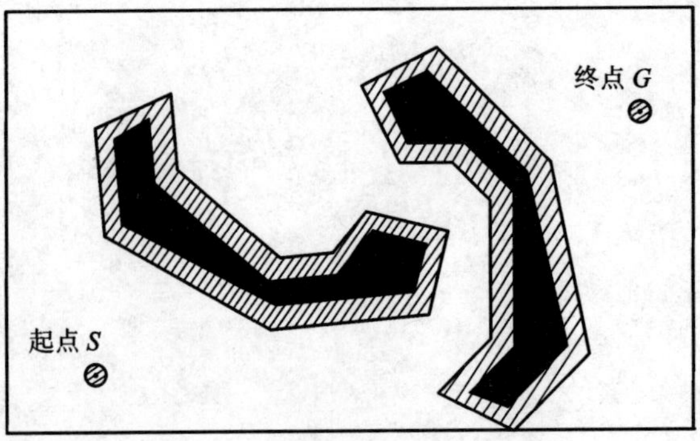

图 7-1　障碍物扩张法路径规则

1. 人工势场方法

人工势场的基本思想是构造目标位置引力场和障碍物周围斥力场共同作用下的人工势场。可以通过搜索势函数的下降方向来寻找无碰撞路径。下面给出各种势场的定义。

（1）目标引力场：

$$E_{\text{att}}(\boldsymbol{p}) = \frac{1}{2}K\|\boldsymbol{p}_{\text{goal}} - \boldsymbol{p}\|^2 \tag{7-1}$$

式中，$\boldsymbol{p}$ 是机器人位置；$\boldsymbol{p}_{\text{goal}}$ 是目标位置；K 是引力常数。

（2）障碍物斥力场：

$$E_{\text{rep}}(\boldsymbol{p}) = \begin{cases} \dfrac{\eta}{2}\left(\dfrac{1}{\|\boldsymbol{p}-\boldsymbol{p}_{\text{obs}}\|} - \dfrac{1}{d_0}\right)^2 & \|\boldsymbol{p}-\boldsymbol{p}_{\text{obs}}\| \leqslant d_0 \\ 0 & \text{其他} \end{cases} \tag{7-2}$$

式中，$\boldsymbol{p}_{\text{obs}}$ 是障碍物位置；d_0 表示障碍物的影响范围；η 是斥力常数。

根据式(7-1)，机器人受到的引力表示为

$$\boldsymbol{F}_{\text{att}}(\boldsymbol{p}) = -\nabla E_{\text{att}} = K(\boldsymbol{p}_{\text{goal}} - \boldsymbol{p}) \tag{7-3}$$

根据式(7-2)，机器人在障碍物的影响范围内受到的斥力表示为

$$\boldsymbol{F}_{\text{rep}}(\boldsymbol{p}) = \eta\left(\frac{1}{\|\boldsymbol{p}-\boldsymbol{p}_{\text{obs}}\|} - \frac{1}{d_0}\right)\frac{\boldsymbol{p}-\boldsymbol{p}_{\text{obs}}}{\|\boldsymbol{p}-\boldsymbol{p}_{\text{obs}}\|^3} \tag{7-4}$$

参见图 7-2 可得机器人所受合力为

$$\boldsymbol{F}_{\text{total}} = \boldsymbol{F}_{\text{att}} + \boldsymbol{F}_{\text{obs}} \tag{7-5}$$

这样，我们就在环境地图中定义了机器人的引力场，因此，机器人的路径规划问题被转化为点在引力场中的运动问题。而点在引力场中的运动问题在物理学和数学中已经研究得非常清楚，可以比较方便地进行求解。

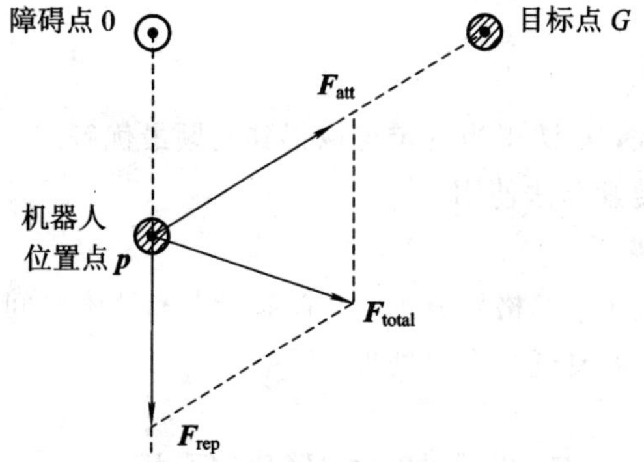

图 7-2　机器人受力示意图

人工势场方法具有如下优点：

（1）简单方便，可以实时规划控制，并能考虑多个障碍，连续移动。

（2）规划的路径比较平滑安全。

人工势场方法具有如下缺点：

（1）规划算法是局部最优算法。

（2）复杂多障碍环境中可能出现局部极值点，即在非目标点达到平衡状态而停滞，因

而不能规划出达到目标点的路径。

前面只介绍了基本的人工势场方法。近年来，针对基本人工势场方法的不足，人们提出了许多改进的人工势场方法。有兴趣的读者可以查阅相关文献。

2. 栅格法

将机器人工作空间划分为多个简单区域，称为栅格。若栅格内没有障碍物称其为自由栅格，否则称为障碍栅格。将栅格编号，机器人路径规划就是搜索由起点到目标点的自由栅格组成的连通域。可以用栅格序号表示，再将栅格序号转换成机器人空间的实际坐标，令机器人按此路径运动。这就是栅格法的基本思想。图 7 - 3 给出了栅格法路径规划的示意图。

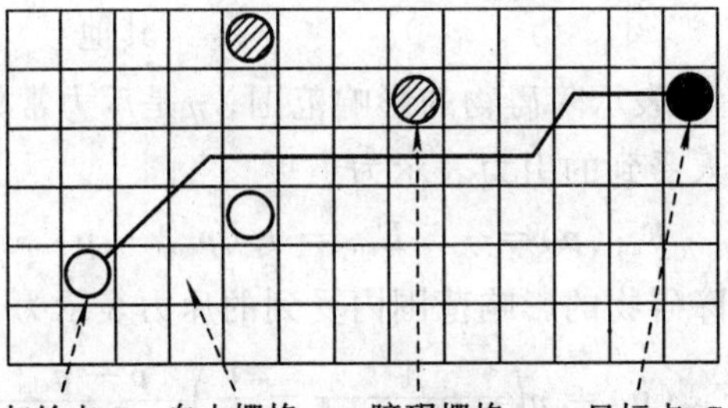

图 7 - 3　栅格法的基本思想

栅格法路径规划步骤：

(1) 建立栅格。将机器人和目标点间区域划分栅格，大小与机器人相关。

(2) 障碍地图生成。标注障碍栅格和自由栅格。

(3) 搜索无障碍最优路径，采用 A(A *)搜索算法、遗传算法、人工势场、蚁群算法等。

栅格法具有如下优点：

(1) 若存在最优路径，算法得当一定可以得到问题最优解。

(2) 有成熟的路径搜索算法使用。

栅格法具有如下缺点：

(1) 栅格粒度影响较大。栅格划分细时，存储量大和搜索时间长。

(2) 得到的是折线，需要进行光滑处理。

7.2　机械臂路径规划

在实际问题中，一般用工具坐标系$\{T\}$相对工作台坐标系$\{S\}$的运动来描述机械臂的运动。当用工具坐标系$\{T\}$相对工作台坐标系$\{S\}$的运动来描述机械臂的路径时，使得路径规划与具体的机械臂、末端执行器和工件相分离。这种规划方法具有通用性，适合不同的机械臂和工具，同时也适用于运动的工作台(如传送带)。

在进行机械臂路径规划时，经常需要规划运动的细节，而不是简单地指定期望的终端位姿。例如，一个完整的操作由若干步组成，每一步都有期望的位姿，在机械臂运动过程中需要规避障碍等。解决该问题的方法是在规划的路径中增加一系列中间点。为了完成整个运动，工具坐标系必须通过中间点所描述的一系列过渡位姿。路径的起点、中间点和终点称为路径点。

通常期望机械臂的运动过程是平滑的，因此一般要求规划的路径是光滑的，至少具有连续的一阶导数，甚至要求二阶导数也是连续的。一阶导数对应机械臂的运动速度，二阶导数对应加速度。光滑性要求就是要使机械臂的运动更加平稳，避免突然的剧烈加速或者减速产生冲击作用而影响机械臂的运动精度和加剧机构的磨损。

1. 关节空间规划方法

机械臂的期望运动一般由指定的路径点来描述，其中的每个点都代表工具坐标系$\{T\}$相对工作台坐标系$\{S\}$的位姿。我们可以采用第 4 章介绍的逆运动学方法获得这些路径点对应的关节角度，该过程实际上就是把路径点由笛卡尔坐标空间描述转换到关节空间描述。规定机械臂的关节同步运动，即每个关节角都同时达到路径点期望的角度。上述规定是指在相邻路径点之间每个关节的运行时间都是相等的。这样，我们可以独立规划每个关节的轨迹，关节之间没有影响。

下面以两关节机械臂对规划的独立性进行说明。假设期望关节角包括一个中间点，即要求规划的关节角为$\{\boldsymbol{\theta}_0, \boldsymbol{\theta}_m, \boldsymbol{\theta}_f\}$，其中矢量

$$\boldsymbol{\theta}=[\theta^1, \theta^2]^{\mathrm{T}}$$

这里使用上标表示关节号，而用下标表示路径点标号。

路径规划问题可以描述为

确定函数 $\theta^1(t)$ 和 $\theta^2(t)$，使之满足：

$$\begin{cases}\theta^1(0)=\theta_0^1\\ \theta^1(t_m)=\theta_m^1\\ \theta^1(t_f)=\theta_f^1\end{cases}\qquad \begin{cases}\theta^2(0)=\theta_0^2\\ \theta^2(t_m)=\theta_m^2\\ \theta^2(t_f)=\theta_f^2\end{cases}\tag{7-6}$$

其中路径点矢量和分量表示的关系为

$$\begin{cases}\boldsymbol{\theta}_0=[\theta_0^1,\theta_0^2]^{\mathrm{T}}\\ \boldsymbol{\theta}_m=[\theta_m^1,\theta_m^2]^{\mathrm{T}}\\ \boldsymbol{\theta}_f=[\theta_f^1,\theta_f^2]^{\mathrm{T}}\end{cases}\tag{7-7}$$

观察式(7-6)和式(7-7)可以发现，函数 $\theta^1(t)$ 和 $\theta^2(t)$之间是没有直接关联的，只要在路径点处取指定的数值即可满足规划要求。因此，机械臂轨迹规划问题可以分解为 n 个独立的单关节轨迹规划问题。以下部分将只讨论单关节的轨迹规划问题。

2. 单区间三次多项式插值

在考虑工具在一定时间内从初始位置移动到目标位置的问题中，任务就是确定函数 $\theta(t)$，使其在 $t=0$ 时刻的值为关节角的初始位置，在 $t=t_f$时刻的值为关节角的目标位置。另外，一般要求在初始时刻和终止时刻关节的速度均为零。因此，关节轨迹规划在数学上就是满足 4 个约束条件的函数插值问题。显然，满足该条件的光滑函数不是唯一的。多项式插值比较简单，便于计算，因此常用来解决函数插值问题。满足 4 个约束条件的多项式插值函数是三次多项式。

位置约束：

$$\begin{cases}\theta(0)=\theta_0\\ \theta(t_f)=\theta_f\end{cases} \tag{7-8}$$

速度约束：

$$\begin{cases}\dot{\theta}(0)=0\\ \dot{\theta}(t_f)=0\end{cases} \tag{7-9}$$

关节角轨迹可以用三次多项式表示为

$$\theta(t)=a_0+a_1t+a_2t^2+a_3t^3 \tag{7-10}$$

因此关节角速度和加速度轨迹可以表示为

$$\begin{cases}\dot{\theta}(t)=a_1+2a_2t+3a_3t^2\\ \ddot{\theta}(t)=2a_2+6a_3t\end{cases} \tag{7-11}$$

把式(7-8)和式(7-9)代入到式(7-10)和式(7-11)中得：

$$\begin{cases}\theta_0=a_0\\ \theta_f=a_0+a_1t_f+a_2t_f^2+a_3t_f^3\\ 0=a_1\\ 0=a_1+2a_2t_f+3a_3t_f^2\end{cases} \tag{7-12}$$

式(7-12)是关于4个未知量$a_0\sim a_3$的线性方程组，其解为

$$\begin{cases}a_0=\theta_0\\ a_1=0\\ a_2=\dfrac{3}{t_f^2}(\theta_f-\theta_0)\\ a_3=\dfrac{2}{t_f^3}(\theta_0-\theta_f)\end{cases} \tag{7-13}$$

将式(7-13)代入到式(7-10)可以得到满足约束条件的三次多项式：

$$\theta(t)=\theta_0+\frac{3}{t_f^2}(\theta_f-\theta_0)t^2-\frac{2}{t_f^3}(\theta_f-\theta_0)t^3 \tag{7-14}$$

例 7-1　假设一个具有单旋转关节、单自由度的机器人，处于静止状态时，关节角$\theta=15°$。期望在2 s内平滑移动到关节角$\theta=75°$的目标位置，并在目标位置处于静止状态。求满足约束条件的三次多项式，并画出关节角位置、速度和加速度随时间变化的曲线。

解：$t_f=2$，位置和速度约束分别为

$$\theta(0)=\theta_0=15\qquad \dot{\theta}(0)=0$$

$$\theta(t_f)=\theta_f=75\qquad \dot{\theta}(t_f)=0$$

代入到式 (7-14)得关节角轨迹：

$$\theta(t)=15+45t^2-15t^3$$

关节角速度和加速度轨迹分别为

$$\dot{\theta}(t)=90t-45t^2$$

$$\ddot{\theta}(t)=90-90t$$

图7-4给出了机器人关节角位置、速度和加速度随时间变化的曲线。从图中可以看

出，起点和终点的角度值等于指定角度，且速度为零，加速度呈线性变化。

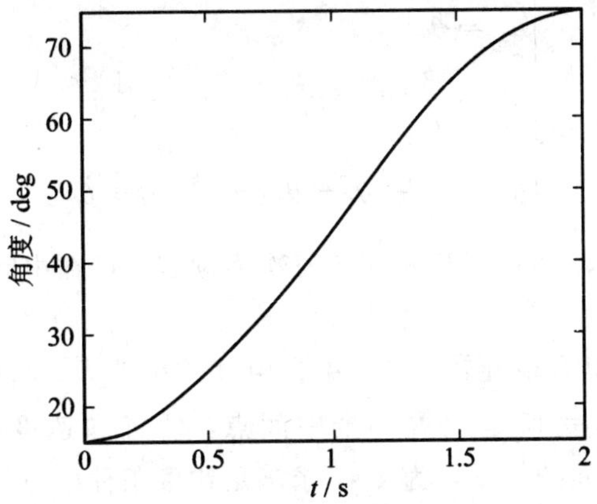

(a) 角度轨迹

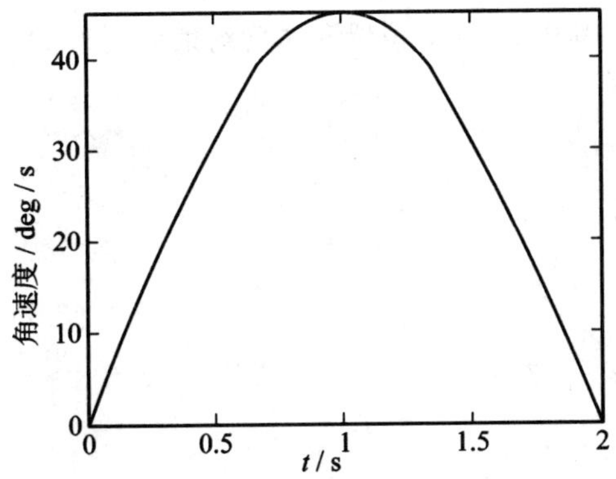

(b) 角速度轨迹

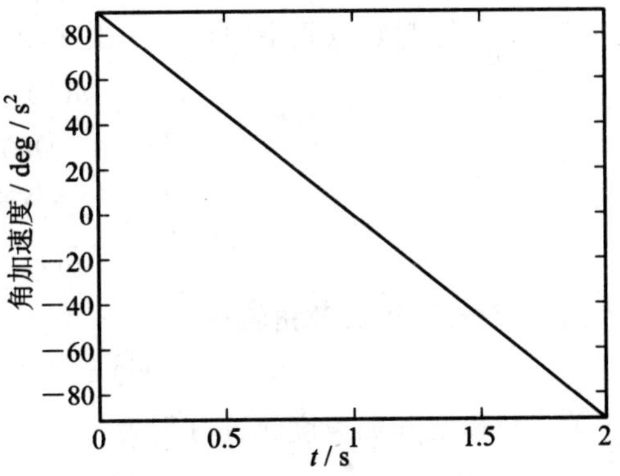

(c) 角加速度轨迹

图 7-4　关节角位置、速度和加速度随时间变化的曲线

3. 具有中间点的三次多项式插值

一般情况下，机械臂需要连续经过若干中间点，因此需要建立满足这些约束的插值函数。若仍然采用三次多项式插值函数，则必须采用分段插值方法，即在相邻路径点组成的每个区间内进行三次多项式插值，同时要求在两段曲线的连接处满足一定的光滑条件。比较简单的做法是，指定中间点关节角的位置和速度，这样每个区间可以独立进行插值计算。该方法与单区间三次多项式插值基本类似，只是式(7-9)的速度约束一般不为零，而是指定的速度：

$$\begin{cases}\dot{\theta}(0)=\dot{\theta}_0\\ \dot{\theta}(t_f)=\dot{\theta}_f\end{cases}\qquad(7-15)$$

满足约束条件的三次多项式系数的四个方程如下：

$$\begin{cases}\theta_0=a_0\\ \theta_f=a_0+a_1t_f+a_2t_f^2+a_3t_f^3\\ \dot{\theta}_0=a_1\\ \dot{\theta}_f=a_1+2a_2t_f+3a_3t_f^2\end{cases}\qquad(7-16)$$

该线性方程组的解为

$$\begin{cases} a_0 = \theta_0 \\ a_1 = \dot{\theta}_0 \\ a_2 = \dfrac{3}{t_f^2}(\theta_f - \theta_0) - \dfrac{2}{t_f}\dot{\theta}_0 - \dfrac{1}{t_f}\dot{\theta}_f \\ a_3 = -\dfrac{2}{t_f^3}(\theta_f - \theta_0) + \dfrac{1}{t_f^2}(\dot{\theta}_f + \dot{\theta}_0) \end{cases} \tag{7-17}$$

在每个区间使用式(7-17)即可得到相应的三次多项式，且在中间连接点处的位置和速度是连续的。

例 7-2 假设一个具有单旋转关节、单自由度的机器人，起始点和终止点速度为零，且位置满足 $\theta_0 = 15°$，$\theta_f = 45°$。设置一个中间点，位置和速度分别为 $\theta_m = 75°$ 和 $\dot{\theta}_m = -10$ deg/s。假设两段区间的长度均为 2 s。求满足约束条件的分段三次多项式，并画出关节角位置、速度和加速度随时间变化的曲线。

解： 先计算起始点到中间点的三次多项式。其中 $t_f = 2$，位置和速度约束分别为

$$\theta(0) = \theta_0 = 15$$
$$\dot{\theta}(0) = 0$$
$$\theta(t_f) = \theta_f = 75$$
$$\dot{\theta}(t_f) = -10$$

代入到式(7-17)得关节角轨迹

$$\theta(t) = 15 + 50t^2 - 17.5t^3$$

关节角速度和加速度轨迹分别为

$$\dot{\theta}(t) = 100t - 52.5t^2$$
$$\ddot{\theta}(t) = 100 - 105t$$

中间点到终止点的三次多项式的计算如下：

$t_f = 2$，位置和速度约束分别为

$$\theta(0) = \theta_0 = 75$$
$$\dot{\theta}(0) = -10$$
$$\theta(t_f) = \theta_f = 45$$
$$\dot{\theta}(t_f) = 0$$

代入到式 (7-17)得关节角轨迹：

$$\theta(t) = 75 - 10t - 12.5t^2 + 5t^3$$

关节角速度和加速度轨迹分别为

$$\dot{\theta}(t) = -10 - 25t + 15t^2$$
$$\ddot{\theta}(t) = -25 + 30t$$

图 7-5 给出了机器人关节角位置、速度和加速度随时间变化的曲线。从图 7-5(a)可以看出，起始点、中间点、终止点的角度值都等于指定值，且轨迹是光滑的。从图 7-5(b)可以发现，速度在整个区间内都是连续的，但在 $t=2$ s 时刻曲线出现折角，即速度的导数是不连续的。在图 7-5(c)所示的加速度轨迹上，我们发现加速度值是线性变化的，但在中间点 $t=2$ s 处不连续。

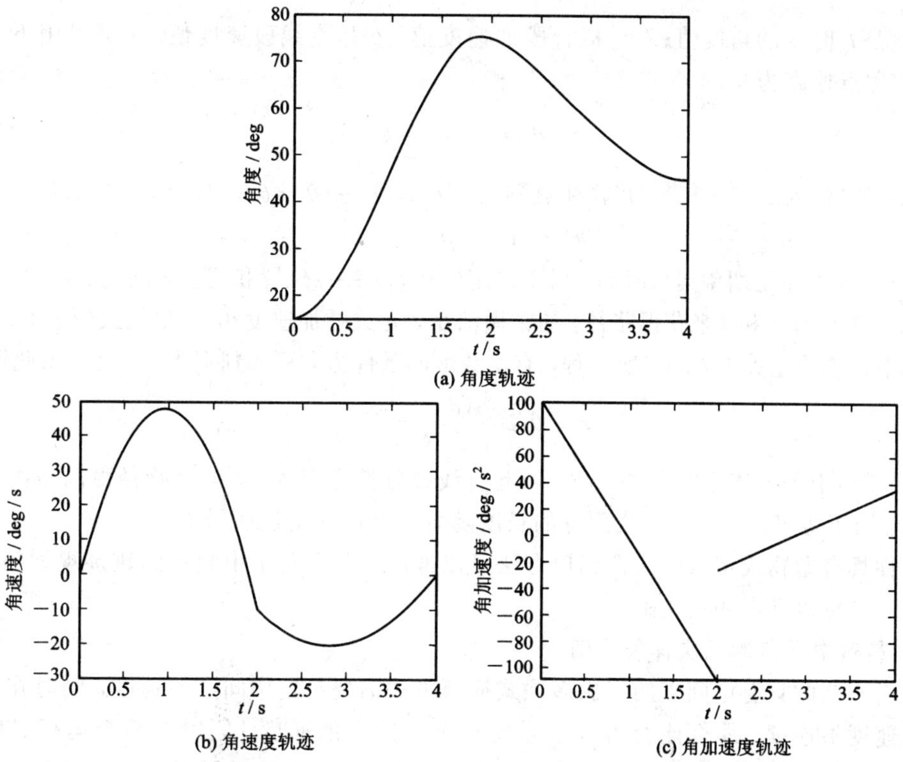

(a) 角度轨迹
(b) 角速度轨迹
(c) 角加速度轨迹

图 7-5　带中间点的关节角位置、速度和加速度随时间变化的曲线

4. 具有抛物线拟合的线性插值

连接相邻两个路径点的最简单曲线是直线，因此人们通常希望采用线性插值，但线性插值在连接点处速度不连续。获得速度连续的光滑曲线的方法是在直线段两端采用抛物线拟合段。因为抛物线是二次函数，所以在拟合段内加速度为常数。采用该方法构造的简单路径如图 7-6 所示，直线段和两段抛物线组合成一条位置和速度均连续的路径。图中 t_b是连接点所处的时刻，t_f-t_b是另一个连接时刻，假设采用时间对称插值。

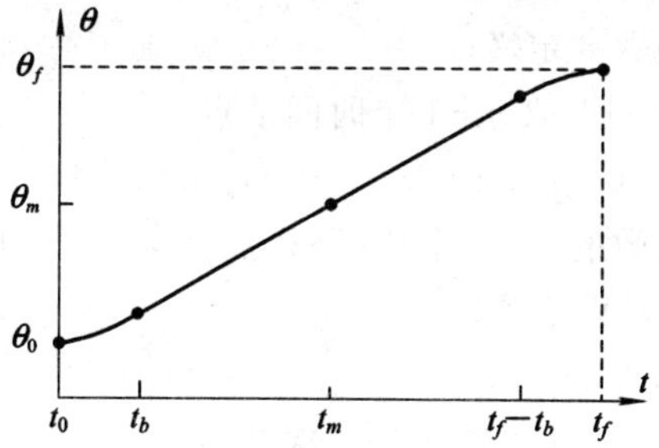

图 7-6　带抛物线拟合的线性插值

假设两端抛物线拟合段的加速度数值相等(符号相反)，如图 7-6 所示，满足条件的解不唯一，但每个解都是关于时间中点 t_m和位置中点 θ_m对称的。同时抛物线和直线的连接点处的速度必须相同，而整个直线段内速度是常值，所以

$$\ddot{\theta} t_b = \dot{\theta} = \frac{\theta_m - \theta_b}{t_m - t_b} \tag{7-18}$$

式中，θ_b是t_b时刻的角度值；$\ddot{\theta}$是拟合段加速度值；$\dot{\theta}$是直线段速度值。θ_b可以用下式计算(假设初始点速度为零)

$$\theta_b = \theta_0 + \frac{1}{2}\ddot{\theta}t_b^2 \tag{7-19}$$

将式(7-19)代入式(7-18)，并且注意到$t_m = t/2$，$\theta_m = (\theta_0 + \theta_f)/2$，可以得到以下关系式

$$\ddot{\theta}t_b^2 - \ddot{\theta}tt_b + \theta_f - \theta_0 = 0 \tag{7-20}$$

在式(7-20)中，t是期望运行时间。对于给定的初始、终点位置和期望时间θ_0、θ_f、t，可以通过式(7-20)选择t_b和$\ddot{\theta}$来获得路径。通常做法是，先选择加速度$\ddot{\theta}$，再根据式(7-20)计算时间t_b。式(7-20)是关于t_b的二次方程，有实数解的条件为方程的判别式大于零，由此得到

$$\ddot{\theta} \geqslant \frac{4(\theta_f - \theta_0)}{t} \tag{7-21}$$

当式(7-21)中等号成立时，$t_b = t/2$，因此直线部分长度变为0，整个路径由两条抛物线连接而成。当不等号成立时，直线部分的长度随着加速度的增加而增加。

这种具有抛物线拟合的线性插值方法可以推广到包含若干中间点的轨迹规划问题，有兴趣的读者可以参考相关文献。

5. 具有中间点的三次样条插值

前面介绍的具有中间点的三次多项式插值方法需要指定中间点的速度，同时在中间点处的加速度不连续。那么能否得到不需要指定中间点的速度，同时在整个运行时间内位置、速度和加速度都是连续的插值函数？答案是肯定的，方法就是采用样条插值技术。样条插值技术被称为20世纪计算数学的三大发现之一，已经广泛应用于汽车等工业产品的外形设计当中。下面将简要介绍三次样条插值问题的定义，并对问题的可解性进行分析。关于三次样条插值详细的分析求解过程可以在任何一本较详细的数值分析教科书中找到。

样条一词来源于工程中的样条曲线。绘图员为了将一些指定的点(称做样点)连接成一条光滑曲线，用细长的木条(绘图员称其为样条)把相近的几点连接在一起，再逐步延伸连接全部样点，使之形成光滑的样条曲线。该曲线在连接点处具有连续的二阶导数。对绘图员的样条曲线进行模拟，得到的插值函数叫做样条函数。下面针对关节角轨迹规划问题，给出常用的三次样条插值函数的定义。

在机械臂运行区间$[0, t_f]$上取$n+1$个时间节点

$$0 = t_0 < t_1 < t_2 < \cdots < t_{n-1} < t_n = t_f \tag{7-22}$$

给出这些点处关节角位置函数的$n+1$个值(路径点)θ_i，$i=0, 1, 2, \cdots, n$。要求构造一个三次样条插值函数$\theta(t)$，满足以下条件：

(1) $\theta(t_i) = \theta_i$，$i=0, 1, 2, \cdots, n$。

(2) 在每个子区间$[t_i, t_{i+1}]$上，$\theta(t_i)$是三次多项式。

(3) $\theta(t)$在整个运行区间$[0, t_f]$上具有二阶连续导数。

从上面的定义可以发现，样条插值函数$\theta(t)$是分段三次多项式，即在每个子区间上都是一个三次多项式。确定样条插值函数$\theta(t)$只需要$n+1$个路径点θ_i值，而不需要其导数(速度)值，且在整个机械臂运行时间内样条插值函数$\theta(t)$的二阶导数都是连续的。根据微积分知识可知，函数$\theta(t)$及其导数一定是连续的。函数$\theta(t)$的二阶导数都是连续的，即关节角加速度连续，使得驱动机械臂运动所需的力矩连续变化，可以使得机械臂运行平稳，避免了因力矩突变引起的冲击

作用。下面分析满足条件的三次样条插值函数 $\theta(t)$的存在性。

首先分析需要确定的未知量个数。因为每个区间都是一个三次多项式，因此有 4 个未知量，共有 n 个子区间，所以未知量个数共有 $4n$ 个。

再分析约束条件个数。每个区间两个端点的函数值是事先指定的，所以有 $2n$ 个约束。$n-1$ 个中间点处的一阶和二阶导数(速度和加速度)连续，所以有 $2(n-1)$ 个约束。因此，约束的个数为

$$2n+2(n-1)=4n-2$$

因此，单从三次样条插值函数 $\theta(t)$的定义不能唯一确定函数本身。对于机械臂轨迹规划问题，一般要求初始点和终止点的速度(一阶导数)为零，恰好补充两个约束条件。因此，三次样条插值函数 $\theta(t)$可以唯一确定。

函数的具体确定过程还是比较复杂的，下面只给出求解的一些思路。因为样条插值函数 $\theta(t)$是分段三次多项式，所以它的二阶导数在每个子区间内是线性函数。可以先将路径点处的二阶导数 $\ddot{\theta}_i$ 作为未知参数，然后确定每个子区间内的二阶导函数。因为它是线性的，所以可以由区间端点的两个值唯一确定。再对该二阶导函数积分两次，得到一阶导数和函数本身在每个子区间的表达式。最后再用前面提到的函数值约束和一阶导数值约束条件得到关于参数 $\ddot{\theta}_i$ 的线性方程组，它是三对角的，可以比较方便地进行求解。

下面以具有一个中间点的关节角轨迹规划问题为例验证三次样条插值方法。假定两段区间的长度均为 t_f，指定中间点关节角的位置(速度值不需指定)，轨迹满足的约束条件如下

第一段曲线方程及其参数为

$$\theta(t) = a_{10} + a_{11}t + a_{12}t^2 + a_{13}t^3 \tag{7-23}$$

$$\begin{cases} \theta(0)=\theta_0 \\ \dot{\theta}(0)=0 \\ \theta(t_f)=\theta_m \end{cases} \tag{7-24}$$

第二段曲线方程及其参数为

$$\theta(t) = a_{20} + a_{21}t + a_{22}t^2 + a_{23}t^3 \tag{7-25}$$

$$\begin{cases} \theta(0)=\theta_m \\ \dot{\theta}(t_f)=0 \\ \theta(t_f)=\theta_f \end{cases} \tag{7-26}$$

同时要求两段曲线在中间点速度和加速度连续，此时不能每段独立求解。满足约束条件的两个三次多项式系数的 8 个方程如下：

$$\begin{cases} \theta_0 = a_{10} \\ \theta_m = a_{10} + a_{11}t_f + a_{12}t_f^2 + a_{13}t_f^3 \\ \theta_m = a_{20} \\ \theta_f = a_{20} + a_{21}t_f + a_{22}t_f^2 + a_{23}t_f^3 \\ 0 = a_{11} \\ 0 = a_{21} + 2a_{22}t_f + 3a_{23}t_f^2 \\ a_{21} = a_{11} + 2a_{12}t_f + 3a_{13}t_f^2 \\ 2a_{22} = 2a_{12} + 6a_{13}t_f \end{cases} \tag{7-27}$$

该线性方程组的解为

$$\begin{cases} a_{10} = \theta_0 \\ a_{11} = 0 \\ a_{12} = \dfrac{12\theta_m - 3\theta_f - 9\theta_0}{4t_f^2} \\ a_{13} = \dfrac{-8\theta_m + 3\theta_f + 5\theta_0}{4t_f^3} \\ a_{20} = \theta_m \\ a_{21} = \dfrac{3\theta_f - 3\theta_0}{4t_f} \\ a_{22} = \dfrac{-12\theta_m + 6\theta_f + 6\theta_0}{4t_f^2} \\ a_{23} = \dfrac{8\theta_m - 5\theta_f - 3\theta_0}{4t_f^3} \end{cases} \tag{7-28}$$

在每个区间的三次多项式系数使用式(7-28)的结果即可得到各路径点，且关节角轨迹在整个运行时间内位置、速度和加速度都是连续的。

例 7-3　假设一个具有单旋转关节、单自由度的机器人，起始点和终止点速度为零，且位置满足 $\theta_0=15°$，$\theta_f=45°$。设置一个中间点，位置为 $\theta_m=75°$。假设两段区间的长度均为 2 s。求满足约束条件的三次样条插值多项式，并画出关节角位置、速度和加速度随时间变化的曲线。

解：先计算起始点到中间点的三次多项式。其中 $t_f=2$，位置和速度约束分别为

$$\theta_0=15，\theta_m=75，\theta_f=45$$

代入到式 (7-28)得第一段关节角轨迹：

$$\theta(t)=15+39.375t^2-12.1875t^3$$

关节角速度和加速度轨迹：

$$\dot{\theta}(t)=78.75t-36.5625t^2$$

$$\ddot{\theta}(t)=78.75-73.125t$$

第二段关节角轨迹：

$$\theta(t)=75+11.25t-33.75t^2+10.3125t^3$$

关节角速度和加速度轨迹：

$$\dot{\theta}(t)=11.25-67.5t+30.9375t^2$$

$$\ddot{\theta}(t)=-67.5+61.875t$$

图 7-7 给出了采用三次样条插值生成的机器人关节角位置、速度和加速度随时间变化的曲线。为了表示清楚，在每张图的两段曲线连接处画了一条竖直虚线。从图 7-7(a)可以看出，起始点、中间点、终止点的角度值都等于指定值，且轨迹是光滑的。从图 7-7(b)可以发现，速度在整个区间内都是连续的，而且在 $t=2$ s 时刻曲线也是光滑的，即速度的导数是连续的。在图 7-7(c)的角加速度轨迹上，加速度值是线性变化的，且在中间点 $t=2$ s处出现转折点，但函数本身是连续的。与图 7-5 对比，样条插值技术使两段轨迹实现了完美连接。

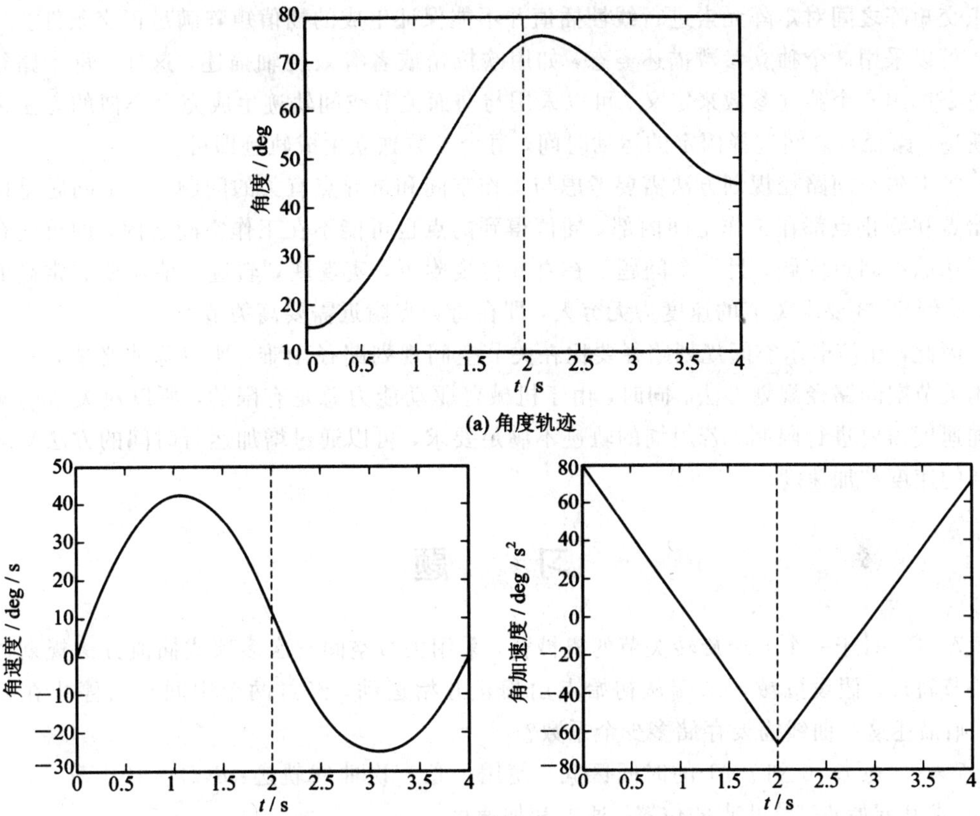

(a) 角度轨迹

(b) 角速度轨迹　　(c) 角加速度轨迹

图 7－7　采用样条插值的关节角位置、速度和加速度随时间变化的曲线

有多个中间点的三次样条插值公式相对复杂一些，但是参考相关书籍自行编程实现不是很困难。作为常用的插值工具，一些高级软件(如 Matlab)包含三次样条插值库函数，只需将节点及其对应函数值传给函数即可得到样条函数值。

6. 笛卡尔空间规划方法

前面介绍的关节空间规划方法可以保证机械臂能够达到中间点和目标点。但是连接这些点的中间路径在笛卡尔空间可能是非常复杂的，其复杂程度取决于机械臂的运动学结构。如果我们关心机械臂在笛卡尔空间的整个路径，而不仅仅是关键点，如期望工具直线运动、画圆等，就需要采用笛卡尔空间规划方法。

笛卡尔空间路径规划方法的思路与关节空间规划方法相同，一般事先指定若干路径点，再采用插值技术确定整个路径。但不同的是，这里确定的不再是关节角轨迹，而是工具坐标系$\{T\}$相对工作台坐标系$\{S\}$位姿(坐标变换矩阵)的轨迹。笛卡尔空间路径规划阶段不需要求解逆运动学问题，但是在机械臂执行该路径时，一般需要实时求解逆运动学问题，因为机械臂运动是通过关节运动来实现的。

假设我们希望规划简单的路径，使工具末端在空间做直线运动。在规划笛卡尔直线路径时，最好使用带抛物线拟合的直线插值。在每段路径的直线部分，工具末端位置的三个分量按线性变化，并在笛卡尔空间做直线运动。但是，如果在每个路径点处用旋转矩阵表示工具的姿态，则不能用插值方法确定整个路径。因为旋转矩阵是正交矩阵，在两个有效的正交矩阵之间对矩阵元素进行线性插值并不能保证生成的插值矩阵满足正交条件。

可以采用 3 个独立参数描述姿态，如用欧拉角或者等效转轴描述，这样，每个路径点的位姿都用 6 个独立参数来定义。可以采用与前面关节空间轨迹生成完全类似的方法来生成轨迹，路径点之间选择固定的运动时间，每个参数独立生成轨迹即可。

笛卡尔空间路径规划方法需要考虑与工作空间和奇异点有关的问题。一个问题是即使起始点和终止点都在工作空间内部，插值得到的点也可能不在工作空间之内，即可能存在不可达的中间点问题。另一个问题是在奇异位姿附近，实现规划轨迹可能需要非常高的速度，如例 5-3 要求关节的速度为无穷大，即在奇异点附近需要高关节速率。

因此，在笛卡尔空间规划路径要比在关节空间规划路径困难，所以除非必要，一般均采用关节空间路径规划方法。同时，由于机械臂驱动能力总是有限的，所以对关节的速度和加速度需要进行限制。若规划的轨迹不满足要求，可以通过增加运行时间的方法来减小关节的速度和加速度。

习　题

7-1　对于一个 6 个旋转关节的机械臂，采用关节空间三次多项式插值方法规划机器人关节轨迹。假设机械臂末端从初始点由静止开始运动，经过两个中间点后停止在目标点，则描述这些曲线需要存储多少个系数？

7-2　在 $t=0$ 到 $t=1$ 的时间区间，使用一条三次曲线轨迹：$\theta(t)=10+5t+70t^2-45t^3$。求其起始点、终止点的位置、速度和加速度。

7-3　期望机器人的一个关节角从 $\theta=10°$ 由静止开始，4 s 内平滑地运动到 $\theta=70°$ 后静止。求出描述轨迹的三次多项式，并画出关节角的位置、速度和加速度曲线。

7-4　给定某关节的起始点、中间点和目标点分别为 $\theta_0=5°$，$\theta_m=15°$，$\theta_f=-10°$，假设每段持续 2 s，并且初始和终止速度为 0。求满足条件的具有连续加速度的三次样条曲线，并画出关节角的位置、速度和加速度曲线。

第 8 章　驱动器与传感器

机器人伺服系统，按驱动器的类型可分为液压伺服系统、气动伺服系统和机电伺服系统。前两者特色明显，但应用范围有一定的限制。而机电伺服系统的能源是可以用最方便最灵活的方式加以利用的电能，其驱动元件是可按各种特定需求设计和选用的电动机。机器人伺服系统中常用的电动机有直流伺服电动机(DC servo motor)和舵机(Steering engine)等。另外在伺服系统中，通常采用传感器(如旋转编码器、电位器等)采集电动机的转速、位置等输出信息，这些信息被回馈给系统的输入端，构成反馈闭环控制系统。

通常情况下，在机器人伺服系统中，驱动装置采用的是一体化产品，即在直流伺服电动机(或舵机)本体的基础上同轴安装有减速器及位置/速度传感器。

图 8 - 1(a) 为一体化直流伺服电动机系统的外观图，图 8 - 1(b) 为一体化舵机系统的外观图，图 8 - 1(c) 为系统构成示意图。

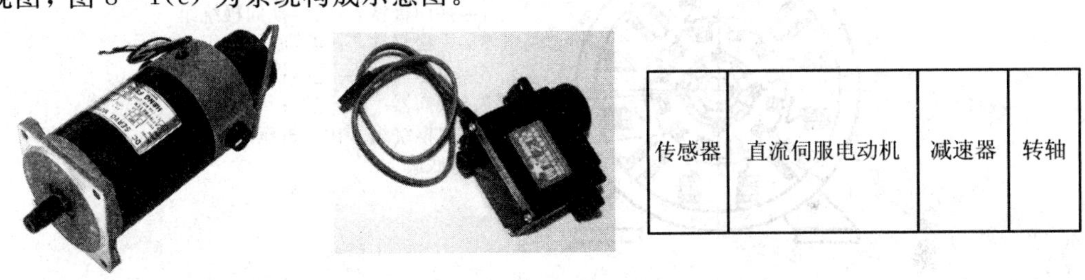

(a) 直流伺服电动机系统外观图　(b) 舵机系统外观图　(c) 系统构成示意图

图 8 - 1　一体化电动机伺服系统

8.1　直流伺服电动机

直流伺服电动机的工作原理及结构和普通电动机基本相同，但直流伺服电动机具有惯量小、响应快、精度高等特点，以适应伺服系统的快速跟随性能的要求。

1. 直流电动机的基本结构

图 8 - 2 为直流电动机的结构示意图，图 8 - 3 为直流电动机横截面示意图。

从图 8 - 2、图 8 - 3 可见，直流电动机主要由定子和转子两大部分组成。定子用来产生磁场并做为电动机的机械支撑，它包括主磁极、换向极、机座、端盖、轴承等，静止的电刷装置也固定在定子上。定子中的励磁绕组通以直流电以产生主磁场。转子上用来感应电动势而实现能量转换的部分称为电枢，它包括电枢铁芯和电枢绕组，还有换向器、轴、通风冷却用的风扇等。

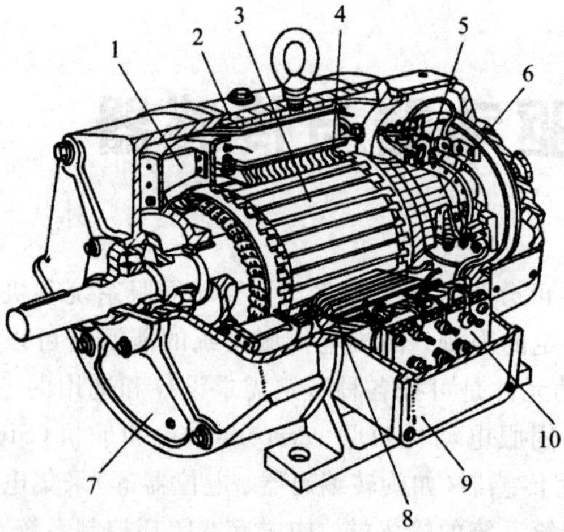

1—风扇；2—机座；3—电枢；
4—主磁极；5—电刷架；
6—换向器；7—端盖；8—换向极；
9—出线盒；10—接线板

图 8-2　直流电动机的结构示意图

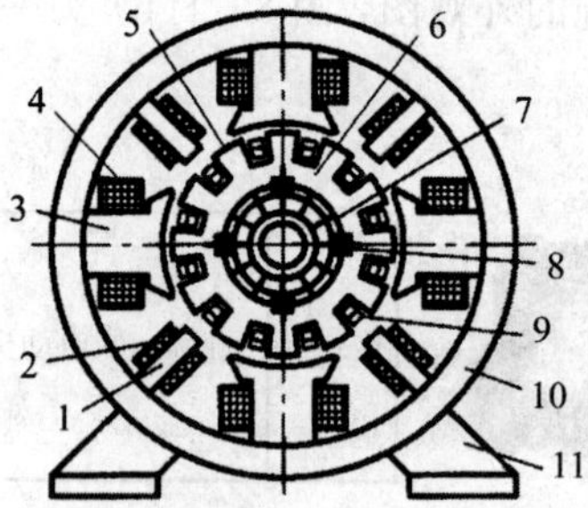

1—换向极铁芯；2—换向极绕组；
3—主磁极铁芯；4—励磁绕组；
5—电枢齿；6—电枢铁芯；
7—换向器；8—电刷；
9—电枢绕组；10—机座；
11—底脚

图 8-3　直流电动机横截面示意图

2. 直流电动机的工作原理

直流电动机的工作原理如图 8-4 所示。如果在电刷 A、B 两端加上直流电压，电刷 A 为“+”，B 为“−”，则电流 i 的方向为从电刷 A 流进电枢，从电刷 B 流出。根据“毕-萨电磁力定律”载流导体 ab、cd 受电磁力为

$$f = Bil \tag{8-1}$$

式中，f 为作用于载流导体上力的大小，方向用左手定则来确定；B 为磁感应强度；i 为导体内流过的直流电流；l 为导体的有效长度，即每根导体切割磁力线部分的长度。

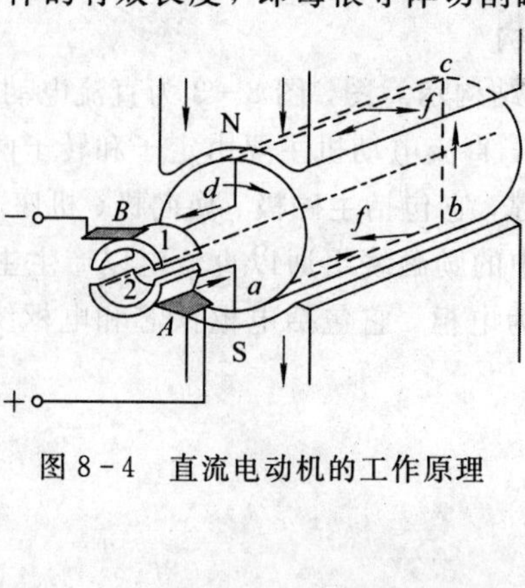

图 8-4　直流电动机的工作原理

从图 8-4 可见，两个载流导体 ab、cd 所受到的力均为 f，f 与电枢半径的乘积就是转矩，称为电磁转矩。这里电磁转矩的方向是顺时针的，电磁转矩就是直流电动机的驱动转矩。

显然当电刷 A、B 两端加上直流电压不变时，旋转的载流导体 ab 和 cd 中的电流方向是交变的，即 S 极下电流方向始终从里到外，而 N 极下的电流方向始终从外到里，所以电动机的转矩大小和旋转方向保持不变。

3. 直流电动机的铭牌

每一台直流电动机上都有一个铭牌，上面标明电动机的额定数据，它是用户使用电动机的依据。这些数据有：

(1) 额定功率 P_N，单位 W 或 kW。额定功率是电动机在铭牌规定的额定运行条件下输出的机械功率。

(2) 额定电压 U_N，单位 V。额定电压是在额定运行条件下，直流电动机的输入电压。

(3) 额定电流 I_N，单位 A。额定电流是电动机在额定电压下运行，输出功率为额定功率时，电动机的输入电流。直流电动机的额定电流可由下式计算

$$I_N = \frac{P_N \times 10^3}{U_N \eta_N} \tag{8-2}$$

式中：η_N为电动机在额定状况下运行时的效率。

(4) 额定转速 n_N，r/min。额定转速是电动机在额定电压下运行，输出功率为额定功率时转子的转速。

(5) 额定效率 η_N。额定效率是电动机在额定工况下，输出功率与输入功率之比的百分数。

(6) 额定励磁电压 U_f，单位 V。额定励磁电压是指电动机在额定工况下，励磁绕组两端的电压。

(7) 额定励磁电流 I_f，单位 A。额定励磁电流是指电动机在额定工况下，励磁绕组中的电流。

直流电动机轴上的额定转矩用 T_{2N}表示，其大小为

$$T_{2N} = \frac{P_N}{2\pi n_N/60} = 9.55\frac{P_N}{n_N} \tag{8-3}$$

式中，P_N的单位为 W；n_N的单位为 r/min；T_{2N}的单位为 N · m。若 P_N的单位为 kW 时，系数 9.55 应改为 9550。

4. 直流电动机的感应电动势与电磁转矩

1) 感应电动势

根据电磁感应定律，直流电动机运转时，电枢元件切割主磁场，因此会产生感应电动势。感应电动势是指电动机正、负电刷间的电动势。由电动机学相关文献可知，感应电动势的计算公式为

$$E_a = C_e \Phi n \tag{8-4}$$

式中，Φ 为每极磁通，单位为 Wb；n 为电机转速，单位为 r/min；C_e为电势常数，对于已出厂的直流电动机，C_e 为常数，所以直流电动机的感应电动势与磁通和转速之积成正比。

2）电磁转矩

当电枢元件中有电流时，直流电动机在磁场中运动，根据毕-萨电磁力定律，其会受到电磁力的作用，因而会产生电磁转矩。由电动机学相关文献可知，电磁转矩的计算公式为

$$T_{em} = C_T \Phi I_a \tag{8-5}$$

式中，C_T为常数，称为转矩常数。

对于已出厂的直流电动机，C_T为常数，所以直流电动机的电磁转矩与磁通和电枢电流成正比，其中 $C_T=9.55C_e$。

5. 直流电动机的基本方程

在机器人伺服系统中所用的直流伺服电动机大多采用永磁励磁方式，即主磁极采用永磁铁来产生恒定的磁场。永磁励磁方式属于他励的特例，他励直流电动机运行原理如图 8-5 所示。

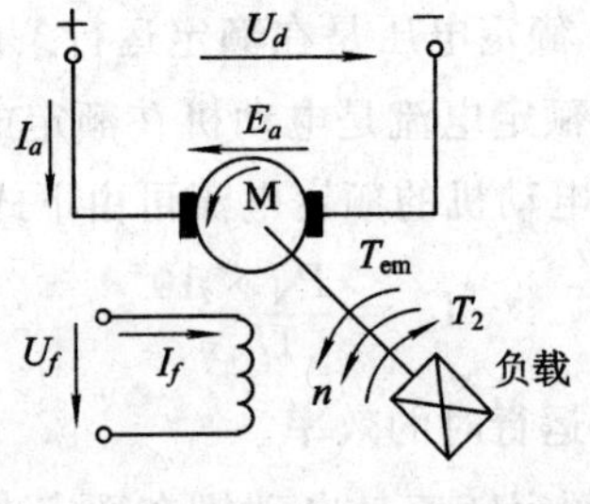

图 8-5　他励直流电动机运行原理

在电枢两端施加直流电压 U_d，感应电动势 E_a 小于电源电压 U_d，即 $E_a<U_d$。电枢电流 I_a为正值，电流由电源流向电机，电功率 $P=U_dI_a$ 为正，表示向电动机输入电功率。这时，负载转矩 T_2与转速 n 的方向相反，是制动转矩。

1）电压平衡方程式

他励直流电动机的等效电路如图 8-6 所示。

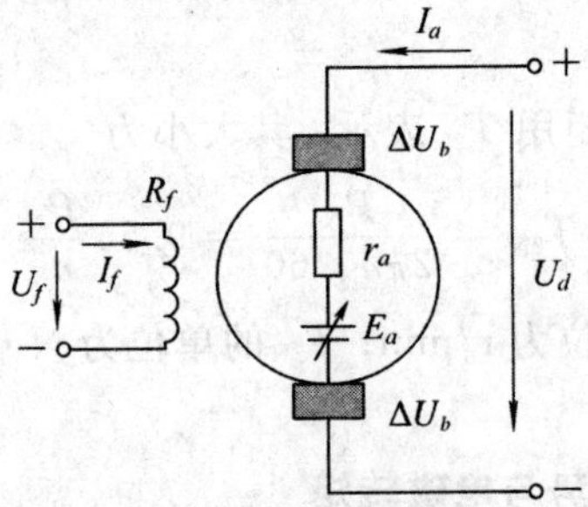

图 8-6　他励直流电动机等效电路及参考方向

图 8-6 中，U_d为端电压；I_a为电枢电流；I_f为励磁电流；$E_a=C_e\Phi n$ 为电枢电动势，随转速 n 改变；r_a为电枢电阻；R_f为励磁电阻；U_f为励磁电压；ΔU_b为电刷接触电压降，电动机中电动势 E_a与电流 I_a方向相反，称为反电势。

根据图 8-6 中的参考方向，可列出他励直流电动机的电压平衡方程式为

$$U_d = E_a + I_a r_a + 2\Delta U_b = C_e \Phi n + I_a R_a \tag{8-6}$$

励磁电流 $I_f=U_f/R_f$ 产生主磁场，电枢电流 I_a 与主磁场作用产生电磁转矩，使电动机

旋转。

2）功率平衡方程式

直流电动机电压平衡方程式(8-6)两边同乘以电枢电流 I_a，可得电动机的功率平衡方程式

$$U_d I_a = I_a^2 r_a + E_a I_a + 2\Delta U_b I_a \tag{8-7}$$

式中，$U_d I_a = P_1$ 为电动机输入的电功率；$I_a^2 r_a = p_{cua}$ 为电枢回路绕组电阻损耗；$E_a I_a = P_{em}$ 为电动机的电磁功率；$2\Delta U_b I_a = p_c$ 为电刷的接触损耗。

根据以上功率的定义，电动机电枢回路的功率平衡方程式可写为

$$P_1 = P_{em} + p_{cua} + p_c \tag{8-8}$$

当电动机电枢转动时，转动部分有如下机械损耗：

(1) 机械损耗 p_{mec}。机械损耗 p_{mec} 包括轴承摩擦损耗、电刷摩擦损耗、定转子与空气的摩擦及通风的风摩损耗。

(2) 铁芯损耗 p_{Fe}。铁芯损耗 p_{Fe} 是由于电枢转动时主磁通在电枢铁芯内交变，引起齿部及电枢铁轭中的磁滞损耗和涡流损耗。铁芯损耗 p_{Fe} 与磁通交变频率及磁通密度最大值有关，实际计算中统称为铁芯损耗。

(3) 杂散损耗 p_{ad}。杂散损耗 p_{ad} 又称附加损耗，产生的原因很多，也很难准确计算，通常用估计办法来确定。无补偿绕组电机的直流电动机在额定负载时杂散损耗约为额定功率的 1%，有补偿绕组电动机的杂散损耗为额定功率的 0.5%，这样处理的结果，相当于把附加损耗看做为不变损耗了。

这样，当电动机拖动负载转动时，直流电动机的功率平衡方程式为

$$P_1 = P_{em} + p_{cua} + p_c = P_2 + p_{cua} + p_c + p_{mec} + p_{Fe} + p_{ad} = P_2 + \sum p \tag{8-9}$$

式中，P_2 为电动机轴上输出的机械功率，转动引起的损耗 $p_{mec} + p_{Fe} + p_{ad} = p_0$ 又称为空载损耗，$\sum p$ 为电动机总损耗。功率流程如图 8-7 所示。

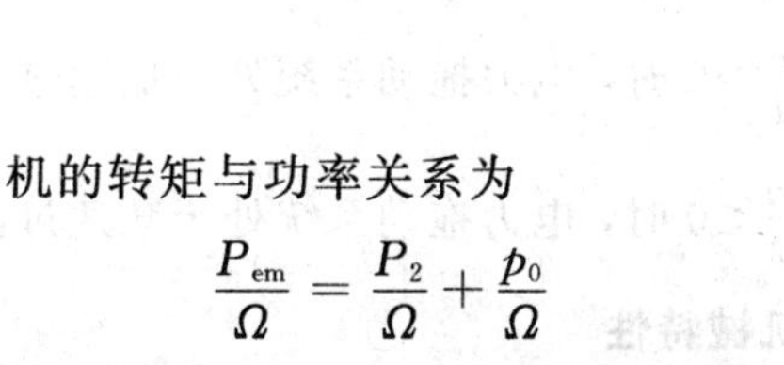

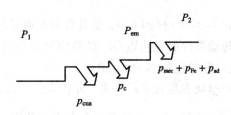

图 8-7　他励直流电动机功率流程图

3）转矩平衡方程式

根据图 8-7，得到电动机的转矩与功率关系为

$$\frac{P_{em}}{\Omega} = \frac{P_2}{\Omega} + \frac{p_0}{\Omega} \tag{8-10}$$

式中，$P_{em}/\Omega = T_{em}$ 为电动机电枢的电磁转矩；$P_2/\Omega = T_2$ 为电动机输出转矩；$p_0/\Omega = T_0$ 为电动机的空载转矩。因此，电动机转矩平衡方程为

$$T_{em} = T_2 + T_0 \tag{8-11}$$

6. 电力拖动系统运动方程

图 8-8 为一单轴电力拖动系统，电动机在电力拖动系统中做旋转运动时，必须遵循下列基本的运动方程式。

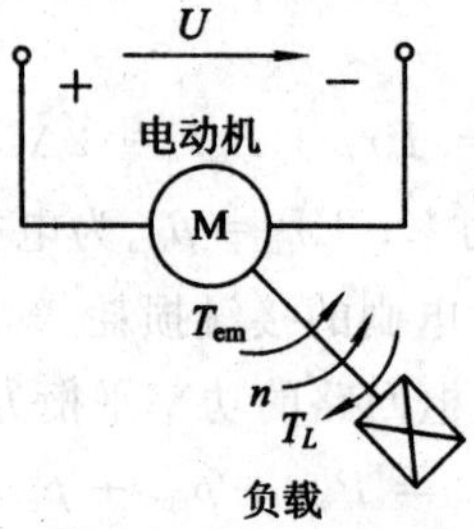

图 8-8　单轴电力拖动系统

旋转运动的方程式为

$$T_{em} - T_L = J\frac{d\Omega}{dt} \tag{8-12}$$

式中，T_{em}为电动机产生的拖动转矩(N·m)；T_L为负载转矩(N·m)；$Jd\Omega/dt$ 为惯性转矩(或称动转矩)，J 为转动惯量，可用下式表示

$$J = m\rho^2 = \frac{GD^2}{4g} \tag{8-13}$$

式中，m、G 分别为旋转部分的质量(kg)与重量(N)；ρ、D 分别为转动惯性半径与直径(m)；g 为重力加速度，g=9.81 m/s²，J 的单位为 kg·m²。

需要说明的是，式(8-12)中忽略了电动机本身的损耗转矩 T_0，认为电动机产生的电磁转矩全部用来拖动负载。

在实际计算中常用式(8-12)的另一种形式，即将角速度 $\Omega = 2\pi n/60$(Ω 的单位为 rad/s，n 的单位为 r/min)代入式(8-12)得运动方程式实用形式

$$T_{em} - T_L = \frac{GD^2}{375}\frac{dn}{dt} \tag{8-14}$$

式中，GD^2为飞轮矩(N·m²)，$GD^2 = 4gJ$；375 是具有加速度量纲的系数。

电动机的转子及其他转动部件的飞轮矩 GD^2 的数值可在相应的产品目录中查到，但是应注意将单位 kg·m²化成国际单位制 N·m²(乘以 9.81)。

电动机的工作状态可由运动方程式表示出来。分析式(8-14)可知：

(1) 当 $T_{em} - T_L = 0$，$\frac{dn}{dt} = 0$ 时，则 n=常值，电力拖动系统处于稳定运转状态；

(2) 当 $T_{em} - T_L > 0$，$\frac{dn}{dt} > 0$ 时，电力拖动系统处于加速过渡过程状态中；

(3) 当 $T_{em} - T_L < 0$，$\frac{dn}{dt} < 0$ 时，电力拖动系统处于减速过渡过程状态中。

7. 他励直流电动机的机械特性

电动机的机械特性是指电动机的转速 n 与电磁转矩 T_{em} 之间的关系，即 $n = f(T_{em})$，机械特性是电动机机械性能的主要表现，它与运动方程式相联系，是分析电动机启动、调速、制动等问题的重要工具。

根据图 8 - 6 可以列出电动机的基本方程式为

感应电动势方程：　$E_a = C_e \Phi n$

电磁转矩：　$T_{em} = C_T \Phi I_a$

电压平衡方程：　$U_d = I_a R_\Sigma + E_a$

电枢总电阻：　$R_\Sigma = R_a + R_e$

磁通：　$\Phi = f(i_f)$

励磁电流：　$I_f = \dfrac{U_f}{R_f}$

将式(8 - 4)和式(8 - 5)代入电压平衡方程式(8 - 6)中，可得机械特性方程式的一般表达式

$$n = \frac{U_d}{C_e \Phi} - \frac{R_\Sigma}{C_e C_T \Phi^2} T_{em} \tag{8-15}$$

在机械特性方程式(8 - 15)中，当电源电压 U_d、电枢总电阻 R_Σ、磁通 Φ 为常数时，即可画出他励直流电动机的机械特性 $n = f(T_{em})$，如图 8 - 9 所示。

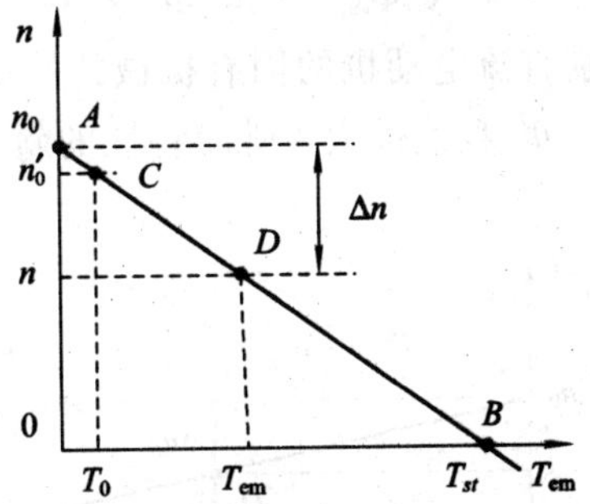

图 8 - 9　他励直流电动机的机械特性

由图 8 - 9 中的机械特性曲线可见，转速 n 随电磁转矩 T_{em} 的增大而降低，是一条向下倾斜的直线。这说明：电动机加上负载，转速会随负载的增加而降低。

下面讨论机械特性上的两个特殊点和机械特性直线的斜率。

1）理想空载点 $A(0, n_0)$

在式(8 - 15)中，当 $T_{em} = 0$ 时，$n = U_d / C_e \Phi = n_0$ 称为理想空载转速，即

$$n_0 = \frac{U_d}{C_e \Phi} \tag{8-16}$$

由式(8 - 16)可见，调节电源电压 U_d 或磁通 Φ，可以改变理想空载转速 n_0 的大小。必须指出，电动机的实际空载转速 n_0' 比 n_0 略低，如图 8 - 9 所示。这是因为，电动机在实际的空载状态下运行时，其输出转矩 $T_2 = 0$，但电磁转矩 T_{em} 不可能为零，必须克服空载阻力转矩 T_0，即 $T_{em} = T_0$，所以实际空载转速 n'_0 为

$$n_0' = \frac{U_d}{C_e \Phi} - \frac{R_\Sigma}{C_e C_T \Phi^2} T_0 = n_0 - \frac{R_\Sigma}{C_e C_T \Phi^2} T_0 \tag{8-17}$$

2）堵转点或启动点 $B(T_{st}, 0)$

在图 8 - 9 中，机械特性直线与横轴的交点 B 为堵转点或启动点。在堵转点，$n = 0$，因而 $E_a = 0$，此时电枢电流 $I_a = U_d / R_\Sigma = I_{st}$ 称为堵转电流或启动电流。与堵转电流相对应的

电磁转矩 T_{st} 称为堵转转矩或启动转矩。

3) 机械特性直线的斜率

式(8－15)中，右边第二项表示电动机带负载后的转速降，用 Δn 表示，则

$$\Delta n = \frac{R_{\Sigma}}{C_e C_T \Phi^2} T_{em} = \beta T_{em} \tag{8-18}$$

式中，$\beta = R_{\Sigma}/C_e C_T \Phi^2$ 为机械特性直线的斜率。在同样的理想空载转速下，β 越小，Δn 越小，即转速随电磁转矩的变化较小，称此机械特性为硬特性。β 越大，Δn 也越大，即转速随电磁转矩的变化较大，称此机械特性为软特性。

将式(8－16)及式(8－18)代入式(8－15)，得机械特性方程式的简化式为

$$n = n_0 - \beta T_{em} \tag{8-19}$$

当他励电动机的电源电压 $U_d = U_N$、磁通 $\Phi = \Phi_N$、电枢回路中没有附加电阻，即 $R_e = 0$ 时，电动机的机械特性称为固有机械特性。固有机械特性的方程式为

$$n = \frac{U_N}{C_e \Phi_N} - \frac{R_a}{C_e C_T \Phi_N^{\ 2}} T_{em} \tag{8-20}$$

根据式(8－20)可绘出他励直流电动机的固有机械特性如图 8－10 所示。其中 D 点为额定运行点。由于 R_a 较小，$\Phi = \Phi_N$ 数值最大，所以特性的斜率 β 最小，他励直流电动机的固有机械特性较硬。

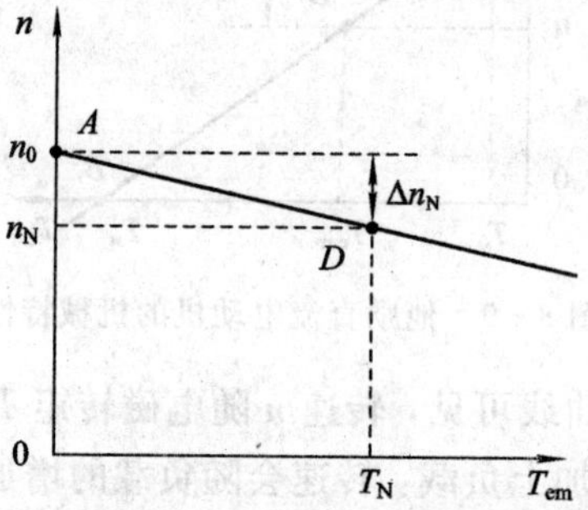

图 8－10　他励直流电动机的固有机械特性

8. 他励直流电动机的降压调速

绝大多数生产机械都有调速要求。他励直流电动机的机械特性见式(8－15)，稳态时，电动机的电磁转矩 T_{em} 由负载 T_L 决定，故要调节转速 n，可以通过改变电压 U_d、改变电枢回路总电阻 R_{Σ}、改变磁通 Φ 三种方法，其中降压调速是普遍采用的方法。

降压调速的原理可用图 8－11 说明。设电动机拖动恒转矩负载 T_L，在额定电压 U_N 下运行于 A 点，转速为 n_A，如曲线 1 所示。现将电源电压降为 U_1，忽略电磁惯性，电动机的机械特性如曲线 2 所示。由于电动机的转速不能突变，由特性 1 变为特性 2，转速不变，于是，电动机的运行点由 A 点变为 C 点。在 C 点，对应的电磁转矩为 T_C，$T_C < T_L$，电动机将减速。随着转速的下降，反电动势 E_a 减小，电流增加，电磁转矩亦增大，减速过程沿特性 2 由 C 点至 B 点，到达 B 点以后，$T_B = T_L$ 电动机进入新的稳态以转速 n_B 运行。

当将电源电压从 U_1 降为 U_2 时，同理，电动机稳定后，在转速 n_D 下运行。从图 8－11 中可看出，当逐步降低电源电压时，稳态转速也依次降低。

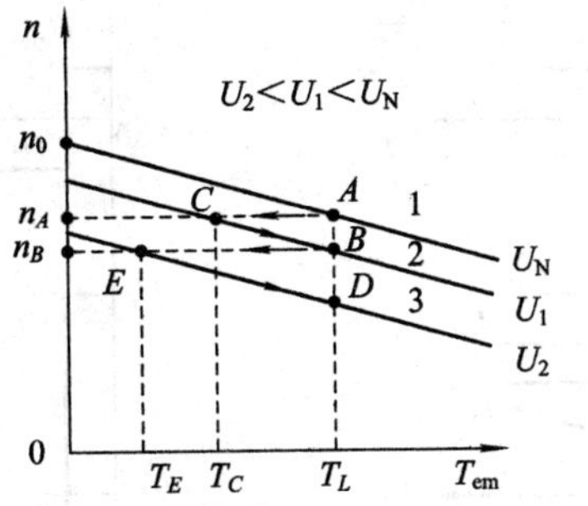

图 8-11　他励直流电动机的降压调速

降压调速可以得到较大的调速范围，只要电源电压连续可调，就可实现转速的平滑调节，即无级调速。

9. 他励直流电动机的 PWM 调速方法

目前，直流电动机大多采用脉冲宽度调制(Pulse Width Modulation，PWM)方法进行调压调速，图 8-12 为广泛使用的桥式 PWM 变换器电路。

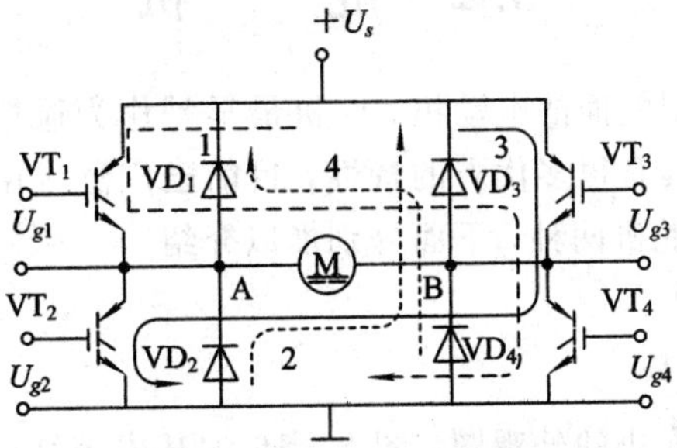

图 8-12　桥式 PWM 变换器电路

如果加在开关管上的驱动电压波形如图 8-13(a)所示，则加在电动机电枢两端的电压 U、电枢中流过的电流 i_d、电枢两端的平均电压 U_d 的波形如图 8-13(b)所示，此时电动机正转。

如果加在开关管上的驱动电压波形如图 8-14(a)所示，则加在电动机电枢两端的电压 U、电枢中流过的电流 i_d、电枢两端的平均电压 U_d 的波形如图 8-14(b)所示，此时电动机反转。

其中平均电压的计算公式为

$$U_d=\frac{t_{on}}{T}U_s-\frac{T-t_{on}}{T}U_s=\left(\frac{2t_{on}}{T}-1\right)U_s=(2\rho-1)U_s \tag{8-21}$$

式中，ρ 为占空比，$0\leqslant\rho\leqslant1$。

从图 8-13、图 8-14 及式(8-21)可以看出，调整占空比 ρ 的大小，可以改变电动机的转速及转向。当 $0.5<\rho\leqslant1$ 时，平均电压 U_d 为正，电动机正转；当 $\rho=0.5$ 时，平均电压 U_d 为零，电动机停转；当 $0\leqslant\rho<0.5$ 时，平均电压 U_d 为负，电动机反转。

电动机的平均转速与平均电压之间的关系为

$$n=\frac{U_d}{C_e}-\frac{R}{C_eC_m}T_e=n_0-\frac{R}{C_eC_m}T_e \tag{8-22}$$

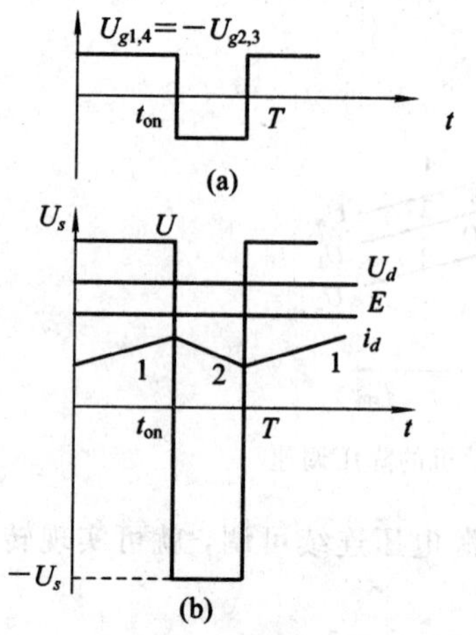

图 8-13　正向运转波形

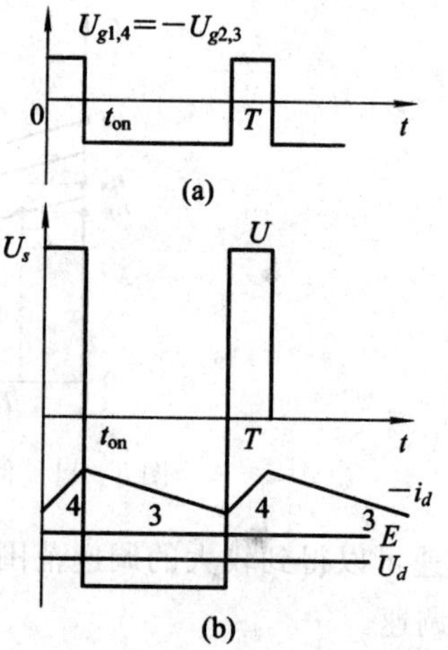

图 8-14　反向运转波形

8.2　舵　　机

舵机，顾名思义是控制舵面的电动机。舵机最早是作为遥控模型控制舵面、油门等机构的动力来源，由于舵机具有很多优秀的特性，目前已广泛应用于机器人伺服系统中。舵机可分为模拟舵机和数字舵机两种，下面分别加以介绍。

1. 模拟舵机

1）模拟舵机的基本结构

图 8-15 为常用模拟舵机的外观图，图 8-16 为其内部结构图。一般来讲，模拟舵机主要由外壳、舵盘、减速齿轮组、位置反馈电位计、直流电机、控制电路板等组成，是一种具有闭环结构的位置伺服驱动器。

图 8-15　常用模拟舵机的外观图

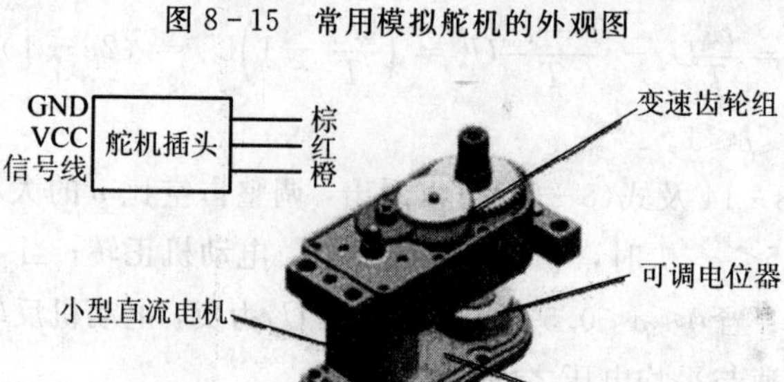

图 8-16　模拟舵机内部结构图

通常模拟舵机的输入线共有三条，中间红色线是电源线，一根棕色的是地线，这两根线给舵机提供最基本的能源保证，主要是电机的转动消耗。另外一根线是控制信号线，Futaba的产品一般为白色，JR的产品一般为橘黄色。电源有两种规格，一是4.8 V，一是6.0 V，分别对应不同的转矩标准。

2）模拟舵机的控制信号

模拟舵机的控制信号为周期是20 ms的PWM信号，其中脉冲宽度通常从0.5 ms～2.5 ms，相对应输出轴的位置为0°～180°，呈线性变化。PWM信号经电路板上的IC处理后计算出转动方向，再驱动电机转动，通过减速齿轮将动力传至摆臂，同时由位置检测器(位置检测器其实就是可变电阻，当舵机转动时电阻值也会跟着改变，测量电阻值便可知转动的角度。)返回位置信号。一般舵机只能旋转180°。也就是说，给控制引脚提供一定的脉宽信号(TTL电平，0V/5V)，它的输出轴就会保持在一个相对应的角度上，无论外界转矩怎样改变。直到给它提供另一个宽度的脉冲信号，它才会将输出角度改变到新的对应的位置上。

值得注意的是：标准PWM(脉冲宽度调制)信号的周期固定为20 ms，脉冲宽度为0.5 ms～2.5 ms的正脉冲宽度和舵机的转角0°～180°相对应。由于舵机品牌不同，其控制器解析出的脉冲宽度也不同，所以对于同一信号，不同品牌的舵机旋转的角度也不同。

另外，舵机的控制电路处理的并不是脉冲的宽度，而是其占空比，即高低电平之比。以周期20 ms、高电平时间2.5 ms为例，如果给出周期10 ms、高电平时间1.25 ms的信号，对大部分舵机也可以达到一样的控制效果。但是周期不能太小，否则舵机内部的处理电路可能紊乱；这个周期也不能太长，例如如果控制周期超过40 ms，舵机就会反应缓慢，并且在承受扭矩的时候会抖动，影响控制品质。

图8-17为舵机转动角度与PWM信号关系示意图，当脉冲宽度在0.5 ms～2.5 ms范围内变化时，相对应输出轴的位置变化范围为0°～180°。

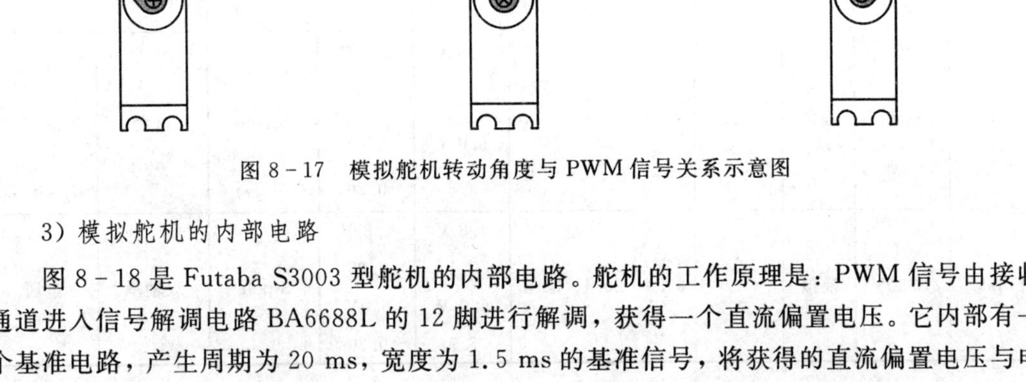

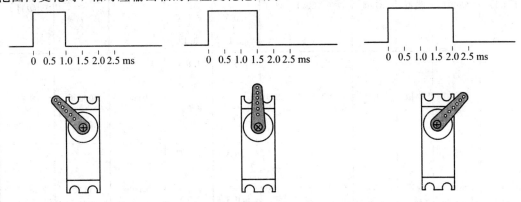

图8-17　模拟舵机转动角度与PWM信号关系示意图

3）模拟舵机的内部电路

图8-18是Futaba S3003型舵机的内部电路。舵机的工作原理是：PWM信号由接收通道进入信号解调电路BA6688L的12脚进行解调，获得一个直流偏置电压。它内部有一个基准电路，产生周期为20 ms，宽度为1.5 ms的基准信号，将获得的直流偏置电压与电位器的电压比较，获得电压差由BA6688L的3脚输出。该输出送入电机驱动集成电路

BAL6686，以驱动电机正反转。当电机转速一定时，通过级联减速齿轮带动电位器 R_{w1} 旋转，直到电压差为 0，电机停止转动。

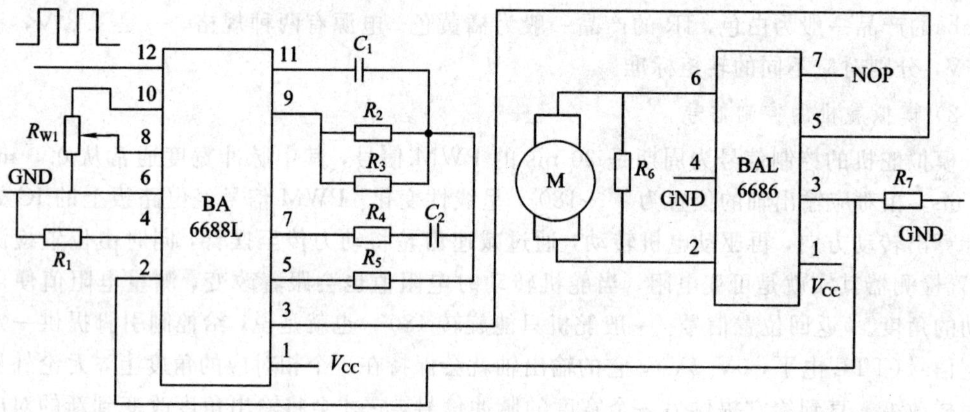

图 8－18　Futaba　S3003 型舵机的内部电路

4）模拟舵机的铭牌数据及型号

市面上常见的模拟舵机为日本 Futaba 公司生产的 Futaba S 系列模拟舵机，如 Futaba S3003，Futaba S3010，Futaba S3305 等，主要的铭牌数据有：供电电压、最大扭矩、最大转角、速度、尺寸及重量等，表 8－1 为 Futaba 系列产品的铭牌数据。

表 8－1　Futaba 模拟舵机铭牌数据

品牌	型号	编码	重量/g	尺寸/mm 长×宽×高	扭矩	速度 /s/60°	马达类型	轴承	齿轮材料
Futaba	S3003	模拟	37.0	39.9×20.1×36.1	4.8 V 3.2 6.0 V 4.1	4.8 V 0.23 6.0 V 0.19			塑料
Futaba	S3010	模拟	41.0	39.9×20.1×38.1	4.8 V 5.2 6.0 V 6.5	4.8 V 0.20 6.0 V 0.16	3-pole	单轴承	塑料
Futaba	S3102	模拟	21.0	27.9×13.0×30.0	4.8 V 3.7 6.0 V 4.6	4.8 V 0.25 6.0 V 0.20	3-pole	衬套	混合
Futaba	S3305	模拟	47.0	39.9×20.1×38.1	4.8 V 7.1 6.0 V 6.9	4.8 V 0.25 6.0V 0.20	3-pole	双轴承	金属

2. 数字舵机

数字舵机(Digital Servo)和模拟舵机(Analog Servo)在基本机械结构方面是完全一样的，主要由直流电动机、减速齿轮、控制电路等组成。数字舵机和模拟舵机的最大区别体现在控制电路上，数字舵机的控制电路比模拟舵机多了微处理器。基于这个原因，数字舵机比之模拟舵机具有反应速度更快，无反应区范围小，定位精度高，抗干扰能力强等优势。已逐渐取代模拟舵机，在机器人、航模中得到广泛应用。

本节以 Dynamixel 系列机器人舵机中 RX－64 Dynamixel 数字舵机为例，讲解数字舵机的工作原理。

Dynamixel 系列机器人舵机是一种智能化、模块化动力装置，由齿轮减速箱、一个精确的直流电动机以及具备通讯功能的控制芯片打包而成。能产生大扭矩，材料坚固，保证承受极大外力必需的强度和韧性。工作时可反馈内部状况，例如内部温度或输入电压等。它有约 300°的运动范围，也可以通过软件设置使其作 360°连续转动，来作为车轮的驱动器。

相比传统的伺服系统，RX－64 伺服系统不但拥有位置反馈系统，而且还有速度反馈，温度反馈，支持高速串行网络。更重要的是 RX－64 提供了高达 52 kg(cm)的扭矩，动力十足，是一款真正意义上的机器人专用舵机。主要型号有 Dynamixel RX－64，Dynamixel RX－28，Dynamixel AX－12，Dynamixel DX－117 等，图 8－19 是 Dynamixel 系列机器人舵机的外观图。

图 8－19　Dynamixel 系列机器人舵机外观图

1）数字舵机的互联方式

Dynamixel 数字舵机的一个突出优点是其具备网络功能，各个舵机之间采用 Daisy 总线相互连接，传输信息，这在机器人的应用中是极为方便的。图 8－20 为两台舵机相互连接图，每台舵机均有两个四针的接口，其引脚功能如图 8－21 所示，一台舵机的序号相同的引脚内部已相互连接，便于舵机之间串行连接。两台舵机的引脚连接图如图 8－22 所示，这里特别需要注意的是：引脚之间要确保正确连接，否则可能会损坏舵机。

RX－64 采用多站点连接方法，多个 RX－64 舵机通过 RS－485 总线和主控制器进行通信。图 8－23 为多台舵机网络通信图，每一个舵机分配有一个唯一的 ID 号，主控制器可设置舵机的速度、位置及转矩等，同时亦可以对当前的位置及速度进行读取，以观察目前舵机的工作状态。

图 8-20　两台舵机相互连接图

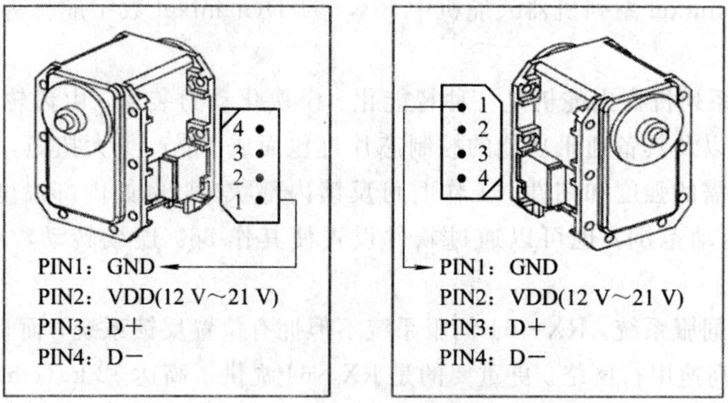

图 8-21　舵机接口引脚排列图

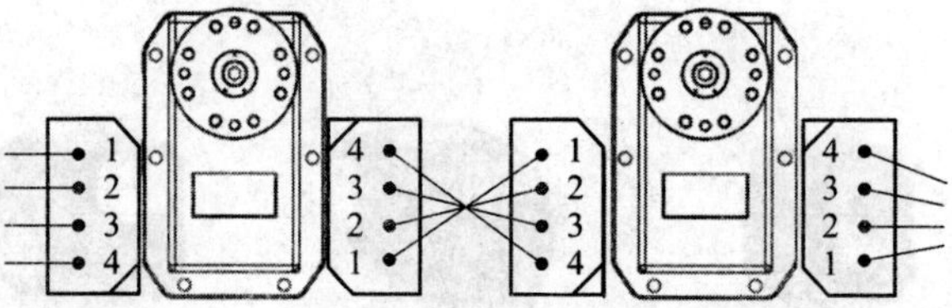

图 8-22　舵机接口引脚连接图

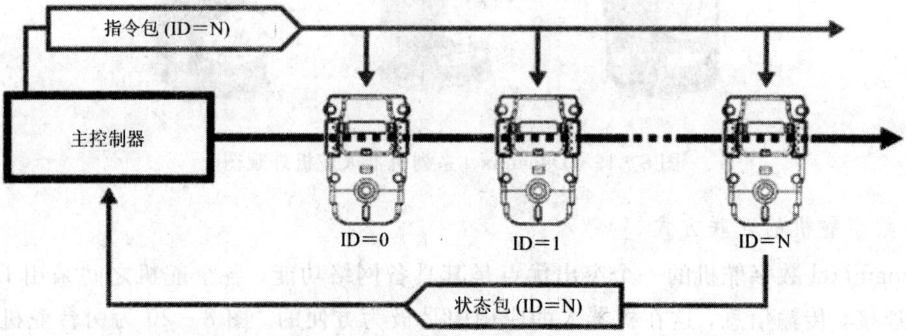

图 8-23　多台舵机网络通信图

2）数字舵机 RX-64 的铭牌数据

在机器人应用中广泛使用的数字舵机为韩国 Dynamixel 公司生产的 Dynamixel 系列数字舵机，如 Dynamixel RX-64、Dynamixel RX-28、Dynamixel AX-12 及 Dynamixel DX-117等，主要的铭牌数据有：供电电压、最大扭矩、最大转角、速度、尺寸及重量等，表8-2为 RX-64 数字舵机的铭牌数据。

表 8－2　RX－64 数字舵机铭牌数据

	RX－64	
Weight(重量)/g	125	
Dimension(尺寸)/mm	40.2×61.1×41.0	
Gear Reduction Ratio(减速比)	1/200	
Applied Voltage(输入电压)/V	at 15 V	at 18 V
Final Reduction Stoppping Torque(最大扭矩)/kgf·cm	64.4	77.2
Speed(转速)(Sec/60 degrees)	0.188	0.157

3) 主控制器和数字舵机的通信接口

图 8－24 为主机和舵机之间的通信接口图，采用 MAXIM 公司的通信接口芯片 MAX485 在主控制器和舵机之间进行通信。

在图 8－24 中，根据引脚 DIRECTION 485 的电平高低，决定信号的传输方向。如果 DIRECTION485 Level ＝ High，TXD 引脚的信号输出到 D＋和 D－。如果 DIRECTION485 Level ＝ Low，D＋和 D－的信号输出到 RXD 中。

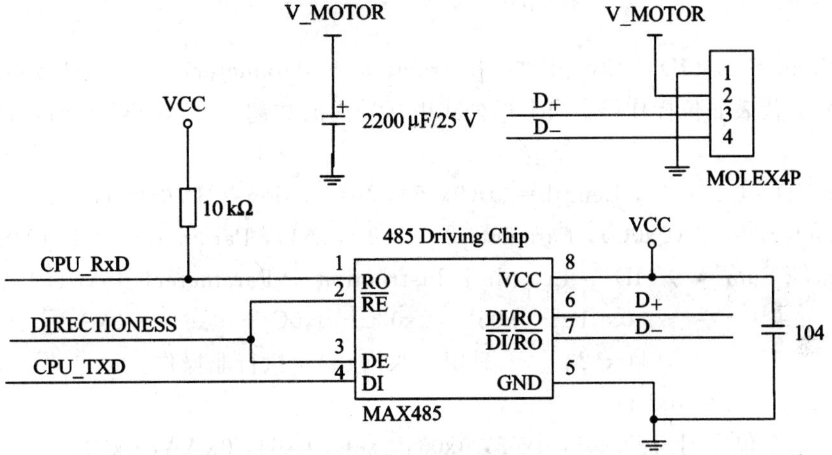

图 8－24　舵机和主控制器通信接口图

4) 通信数据包

主控制器和舵机之间通过发送和接收数据包(Packet)来进行通信。数据包有两种：(1)指令包(Instruction Packet)，由主控制器发送给舵机。(2) 状态包(Status Packet)，由舵机将状态信息反馈给主控制器，如图 8－25 所示。每一台连于总线上的舵机都有唯一的一个 ID 号，通过将 ID 号赋给指令包及状态包，主控制器可以控制指定 ID 号的舵机。

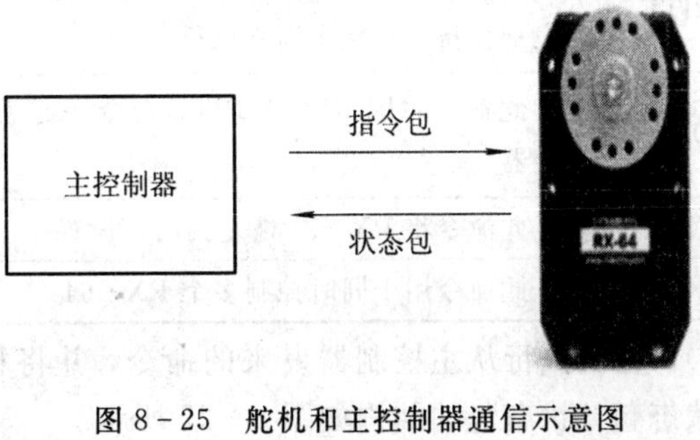

图 8－25　舵机和主控制器通信示意图

(1) 指令包。指令包是主控制器发给舵机的命令数据。指令包的结构如图 8-26 所示。

0XFF	0XFF	ID	LENGTH	INSTRUCTION	PARAMETER 1	…	PARAMETER N	CHECK SUM

图 8-26　指令包结构

指令包中各位的意义如下：

① 0XFF 0XFF：表示指令包的起始位。

② ID：表示接收指令包的舵机 ID 号，可以使用 254 个 ID 号，从 0 到 253(0X00－0XFD)。如果设 ID=254，则处于广播状态，即所有连于总线的舵机均可收到主控制器的命令信号，此时各舵机不再向主控制器返回状态信号。

③ LENGTH：指令包的长度，长度为参数的个数 N+2。

④ INSTRUCTION：主控制器发给舵机的命令，共有 7 条命令，可完成读、写及复位等功能。具体的命令代码及功能描述如表 8-3 所示。

⑤ PARAMETER1～N：命令所需要的辅助数据，具体说明见控制表部分。

⑥ CHECK SUM：用来检查指令包在发送时是否损坏，CHECK SUM 的计算公式如下：

$$\text{Check Sum} = \sim(\text{ID} + \text{Length} + \text{Instruction} + \text{Parameter1} + \cdots + \text{Parameter N})$$

式中，符号～代表非位操作符。当上述公式中括号内的数超过 255(0XFF)时，只取低八位数据。

例：设 ID=1 (0x01)，Length= 5 (0x05)，Instruction= 3 (0x03)，Parameter1= 12 (0x0C)，Parameter2= 100 (0x64)，Parameter3= 170 (0xAA)。

则 Check Sum =～ (ID + Length + Instruction + Parameter1 + … +Parameter 3)

= ～[0x01 + 0x05 + 0x03 + 0x0C + 0x64 + 0xAA]

= ～[0x123] // 只用低八位 0x23 执行非操作。

= 0xDD

这样，指令包序列为：0x01，0x05，0x03，0x0C，0x64，0xAA，0xDD。

表 8-3　命令描述

值	名　称	功　能	参数量
0x01	PING	不执行，控制器准备接收状态包时可用	0
0x02	READ DATA	此命令用于从 RX-64 读取数据	2
0x03	WRITE DATA	此命令用于将数据写入 RX-64	2 或以上
0x04	REG WRITE	同 WRITE DATA 类似，但在启动命令(ACTION)触发前保持待机状态而不执行	2 或以上
0x05	ACTION	此命令将同 REG WRITE 命令一起用于启动运转寄存器	0
0x06	RESET	此命令将 RX-64 恢复到出厂设置	0
0x83	SYNC WRITE	此命令用于同时控制多个 RX-64	4 或以上

(2) 状态包(返回包)。舵机执行从主控制器发来的命令，并将相关结果返回给主控制器，返回的数据称之为状态包。状态包的结构如图 8-27 所示。

0XFF	0XFF	ID	LENGTH	ERROR	PARAMETER 1	PARAMETER 2	…	PARAMETER N	CHECK SUM

图 8 - 27 状态包结构

状态包中各位的意义如下：

① 0XFF 0XFF：表示状态包的起始位。

② ID：表示传输状态包的舵机 ID 号。

③ LENGTH：状态包的长度，长度为参数的个数 N+2。

④ ERROR：显示舵机操作中的错误状态，具体的错误描述如表 8 - 4 所示。

例 状态包序列为 0xFF 0xFF 0x01 0x02 0x24 0xD8

由于 0x24 = 00100100，则 ID 号为 01 的舵机出现了过载和过热的故障。

⑤ PARAMETER1～N：舵机返回主控制器的数据。

⑥ CHECK SUM：用来检查状态包在传送时是否损坏，CHECK SUM 的计算公式如下：

$$Check\ Sum = \sim (ID + Length + Error + Parameter1 + \cdots + Parameter\ N)$$

其中，符号～代表非位操作符。当上述公式中括号内的数超过 255(0XFF)时，只用低八位数据。

表 8 - 4 错误描述

位	名称	详情
Bit 7	0	
Bit 6	Instruction Error	当发送未定义的指令或在未触发 REG WRITE 命令下提交启动命令(ACTION)，值设为 1
Bit 5	Overload Error	当电流负载不能被设置的扭矩所控，值设为 1
Bit 4	Checksum	当发送的指令包的校验和不正确，值设为 1
Bit 3	Range Error	当命令超出作用范围，值设为 1
Bit 2	Overheating Error	当 Dynamixel 的内部温度超出控制表设定的可运作温度的限制范围，值设为 1
Bit 1	Angle Limit Error	当所写目标位置超出顺/逆时针角度限制范围，值设为 1
Bit 0	Input Voltage Error	当应用电压超出控制表设定的可运作电压的限制范围，值设为 1

5）控制表

控制表包括有关当前状态和操作的数据，储存于舵机内部的存储器中，用户可通过指令包修改控制表中的数据，进而达到控制舵机的目的。RX - 64 的控制表占用 50 个 8 位的存储单元，地址范围为：0(0X00)～49(0X31)。其中地址 0(0X00)～18(0X12)位于 EEPROM区域，地址 19(0X13)～50(0X31)位于 RAM 区域。各地址中数据的含义如表8 - 5 所示。

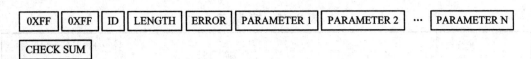

表 8-5　控制表

	地址（十六进制）	名　字	描　述	处理模式	初始值（十六进制）
EEPROM区域	0(0X00)	Model Number(L)	Lowest byte of model number	R	64(0X40)
	1(0X01)	Model Number(H)	Highest byte of model number	R	0(0X00)
	2(0X02)	Version of Firmware	Information on the version of firmware	R	
	3(0X03)	ID	ID of Dynamixel	RW	1(0X01)
	4(0X04)	Baud Rate	Baud Rate of Dynamixel	RW	34(0X22)
	5(0X05)	Return Delay Time	Return Delay Time	RW	250(0XFA)
	6(0X06)	CW Angle Limit(L)	Lowest byte of clockwise Angle Limit	RW	0(0X00)
	7(0X07)	CW Angle Limit(H)	Highest byte of clockwise Angle Limit	RW	0(0X00)
	8(0X08)	CCW Angle Limit(L)	Lowest byte of counterclockwise Angle Limit	RW	255(0XFF)
	9(0X09)	CCW Angle Limit(H)	Highest byte of counterclockwise Angle Limit	RW	3(0X03)
	11(0X0B)	the Highest Limit	TemperatureInternal Limit Temperature	RW	80(0x50)
	12(0X0C)	the Lowest Limit Voltage	Lowest Limit Voltage	RW	60(0x3c)
	13(0X0D)	the Highest Limit Voltage	Highest Limit Voltage	RW	240(0xF0)
	14(0X0E)	Max Torque(L)	Lowest byte of Max. Torque	RW	255(0XFF)
	15(0X0F)	Max Torque(H)	Highest byte of Max. Torque	RW	3(0X03)
	16(0X10)	Status Return Level	Status Return Level	RW	2(0X02)
	17(0X11)	Alarm LED	LED for Alarm	RW	36(0X24)
	18(0X12)	Alarm Shutdown	Shutdown for Alarm	RW	36(0X24)
RAM区域	24(0X18)	Torque Enable	Torque On/Off	RW	0(0X00)
	25(0X19)	LED	LED On/Off	RW	0(0X00)
	26(0X1A)	CW Compliance Margin	CW Compliance margin	RW	0(0X00)
	27(0X1B)	CCW Compliance Margin	CCW Compliance margin	RW	0(0X00)
	28(0X1C)	CW Compliance Slope	CW Compliance slope	RW	32(0X20)
	29(0X1D)	CCW Compliance Slope	CCW Comliance slope	RW	32(0X20)
	30(0X1E)	Goal Position(L)	Lowest byte of Goal Position	RW	
	31(0X1F)	Goal Position(H)	Highest byte of Goal Position	RW	
	32(0X20)	Moving Speed(L)	Lowest byte of Moving Speed	RW	
	33(0X21)	Moving Speed(H)	Highest byte of Moving Speed	RW	
	34(0X22)	Torque Limit(L)	Lowest byte of Torque Limit	RW	ADD14
	35(0X23)	Torque Limit(H)	Highest byte of Torque Limit	RW	ADD15
	36(0X24)	Present Position(L)	Lowest byte of Current Position	R	
	37(0X25)	Present Position(H)	Highest byte of Current Position	R	

续表

	地址（十六进制）	名 字	描 述	处理模式	初始值（十六进制）
RAM 区域	38(0X26)	Present Speed(L)	Lowest byte of Current Speed	R	
	39(0X27)	Present Speed(H)	Highest byte of Current Speed	R	
	40(0X28)	Present Load(L)	Lowest byte of Current Load	R	
	41(0X29)	Present Load(H)	Highest byte of Current Load	R	
	42(0X2A)	Present Voltage	Current Voltage	R	
	43(0X2B)	Present Temperature	Current Temperature	R	
	44(0X2C)	Registered Instruction	Means if Instruction is registered	RW	0(0X00)
	46(0X2E)	Moving	Means if there is any movement	R	0(0X00)
	47(0X2F)	Lock	Locking EEPROM	RW	0(0X00)
	48(0X30)	Punch(L)	Lowest byte of Punch	RW	32(0X20)
	49(0X31)	Punch(H)	Highest byte of Punch	RW	0(0X00)

从表 8-5 可以看出，RX-64 有两种类型数据：(1)只读数据，主要用于观察。(2)可读/写数据，主要用于驱动。另外，最右侧一栏的初始值，对于 EEPROM，为出厂时的初始设定值。对于 RAM，为上电时的值。下面仅对常用的数据进行介绍，更为详细的内容请参照 RX-64 的使用手册。

(1) EEPROM 域。

① 型号(Model Number)：存储于地址 0，1(0X00～0X01)中，对于 RX-64，数据值是 64 (0X0040)。

② 舵机编号(ID)：存储于地址 3 (0X03)中，每个舵机的编号是唯一的，对于 RX-64，范围为 0～253 (0XFD)，初始值为 1。

③ 波特率(Baud Rate)：存储于地址 4 (0X04)中，表示主控制器和舵机之间的通信速率，范围为 0～254 (0XFE)，初始值为 34(0X22)，波特率的计算公式为

$$\text{Speed (BPS)} = 2\,000\,000 / (\text{Data} + 1)$$

式中，Data 为地址 4 (0X04)中的数据。Data 的取值和波特率之间的关系如表 8-6 所示。

表 8-6　Data 的取值和波特率之间的关系

Data	Set BPS	Target BPS	Tolerance
1	1 000 000.0	1 000 000.0	0.000%
3	500 000.0	500 000.0	0.000%
4	400 000.0	400 000.0	0.000%
7	250 000.0	250 000.0	0.000%
9	200 000.0	200 000.0	0.000%
16	117 647.1	115 200.0	−2.124%
34	57 142.9	57 600.0	0.794%
103	19 230.8	19 200.0	−0.160%
207	9615.4	9600.0	−0.160%

④ 舵机旋转角度：存储于地址 6～9（0X06～0X09）中，表示允许舵机旋转的角度范围。取值范围为 0～1023（0X3FF），其中数据 0 表示 0°，数据 1023（0X3FF）表示 300°，则分辨率约为 0.3°。

⑤ 供电电压上下限设置：存储于地址 12、13（0X0C、0X0D）中，取值范围为 50～250（0X32～0X96），如果当前电压值（地址 42）超出这个范围，则状态包中的输入电压错误位（Input voltage Error Bit (Bit0)）返回 1，并触发报警（在地址 17、18 中设置），该地址中的数据所表示的电压为实际电压的 10 倍，如数据 80 意味着实际电压为 8 V。

⑥ 最大转矩（Max Torque）：存储于地址 14、15（0X0E、0X0F）中，表示输出的最大转矩值，取值范围为 0 ～1023（0X3FF）。其分配的内存为 EEPROM（地址 14、15）和 RAM（地址 34、35）。当上电后，EEPROM 的值拷贝到 RAM 中。在实际操作中，最大转矩要受到转矩极限值（地址 34、35）的限制。数据 1023（0X3FF）表示此时舵机能输出地址 34、35 所给出的最大转矩值，数据 512（0X200）表示舵机能输出地址 34、35 所给出的最大转矩值的一半。

（2）RAM 域。

① 转矩使能（Torque Enable）：存储于地址 24（0X18）中，RX－64 第一次上电时，处于自由运转状态，此时是没有转矩产生的，转矩使能设为 1，允许产生转矩。

② 目标位置（Goal Position）：存储于地址 30、31（0X1E－0X1F）中，表示舵机应到达的位置。取值范围为 0～1023（0X3FF）。对应舵机转过的角度为 0°～300°，如图 8－28 所示。目标位置设定值应满足 CW Angle Limit ≤ Goal Potion ≤ CCW Angle Limit，当超出这个范围，则状态包中的角度限制错误位（Angle Limit Error Bit (Bit1)）返回 1。

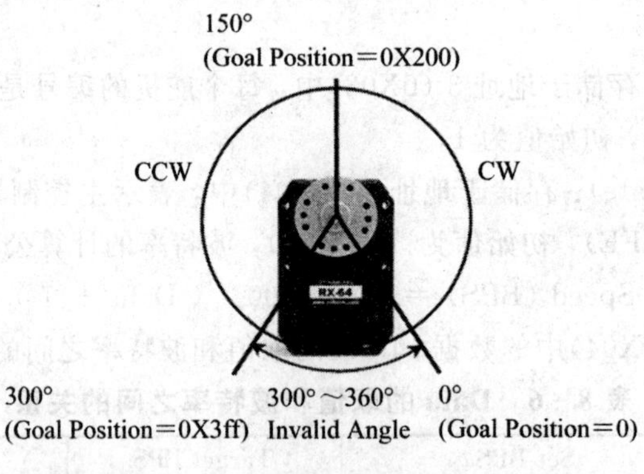

图 8－28　目标位置值和舵机转角关系示意图

③ 移动速度（Moving Speed）：存储于地址 32、33（0X20、0X21）中，表示舵机的运转速度，取值范围为 0～1023（0X3FF），舵机实际速度的计算公式为：Data ＊0.111，例如：1023 代表 114RPM（1023X0.111＝113.6）。

④ 转矩极限（Torque Limit）：存储于地址 34、35，（0X22、0X23）中，设定最大输出转矩，取值范围为 0～1023（0X3FF）。

⑤ 连续运转方式（Endless Turn）：设置 CW Angle Limit（地址 6、7）和 CCW Angle Limit（地址 8、9）为 0，即可实现舵机的连续运转。

6）数据包的使用

为了控制 RX－64，主控制器需要将指令包发送给舵机，指令包共有 7 条命令，这里仅对常用的读/写命令进行说明，更为详细的内容请参照 RX－64 的使用手册。

（1）读数据（READ DATA）。

功能：读取 RX－64 内部控制表中的数据。

长度：N＋2

指令代码：0X02

参数 1：读取数据的起始地址。

参数 2：读取数据的长度。

例 8－1　读舵机的型号。

分析：舵机的型号位于地址 0X00－01 中，则

指令包：FF FF 01 04 02 00 02 F6

状态包：FF FF 01 04 00 40 00 BA，状态返回结果：型号（Model Number）＝ 64（0X40）。无错误（NO ERROR）。

例 8－2　读舵机的当前速度。

分析：舵机的型号位于地址 0X26－27 中，则

指令包：FF FF 01 04 02 26 02 D0

状态包：FF FF 01 04 00 FF 01 FA，状态返回结果：当前速度＝0X01FF(511)，即实际速度值为 511 * 0.111＝56.73RPM。无错误（NO ERROR）。

（2）写数据（WRITE DATA）。

功能：将数据写入到 RX－64 内部控制表中。

长度：N＋2

指令代码：0X03

参数 1：写入数据的存储单元起始地址。

参数 2：第 1 个写入的数据。

参数 3：第 2 个写入的数据。

⋮

参数 N：第 N－1 个写入的数据。

例 8－3　设定舵机的移动角度为 0°～150°。

分析：由于 150°对应 0X200，则地址 0X08－09（CCW Angle Limit）单元中的数据为 0X200。所以参数 1：0X08，参数 2：0X00，参数 3：0X02。

则指令包：FF FF 01 05 03 08 00 02 EC

状态包：FF FF 01 02 00 FD，状态返回结果：无错误（NO ERROR）

例 8－4　设定舵机的工作电压为 10～17 V。

分析：10 V 对应的是 100（0X64），17V 对应的是 170（0XAA），则地址 0X0C－0D（Voltage limit）单元中的数据为 0X64，0XAA。所以参数 1：0X0C，参数 2：0X64，参数 3：0XAA。

则指令包：FF FF 01 05 03 0C 64 AA DD

状态包：FF FF 01 02 00 FD，状态返回结果：无错误（NO ERROR）。

(3) 异步写数据(SYNC WRITE)。

功能：将多组数据写入到 RX－64 内部控制表中，同时控制多个舵机，要求多组数据的地址和长度相同。

ID：0XFE

长度：N+2

指令代码：0X83

参数 1：写入数据的存储单元起始地址。

参数 2：写入数据的长度。

参数 3：第 1 个舵机的 ID 号。

参数 4：写入第 1 个舵机的第 1 个数据。

参数 5：写入第 1 个舵机的第 2 个数据。

⋮

参数…：写入第 2 个舵机的第 1 个数据

参数…：写入第 2 个舵机的第 2 个数据

⋮

例 8－5　对四台 RX－64 舵机分别设定其位置及速度。

RX－64(ID 0)：以速度 0X150 移动到位置 0X010

RX－64(ID 1)：以速度 0X360 移动到位置 0X220

RX－64(ID 2)：以速度 0X170 移动到位置 0X030

RX－64(ID 3)：以速度 0X380 移动到位置 0X220

指令包：0XFF 0XFF 0XFE 0X18 0X83 0X1E 0X04 0X00 0X10 0X00 0X50 0X01 0X01 0X20 0X02 0X60 0X03 0X02 0X30 0X00 0X70 0X01 0X03 0X20 0X02 0X80 0X03 0X12

状态包：无返回

8.3　旋转编码器

旋转编码器(Rotary Encoder)是转速或转角的检测元件，使用时，旋转编码器与电动机同轴相连，当电动机转动时，带动编码器旋转，旋转编码器产生与被测转速成正比的脉冲。通过计数脉冲的个数，即可计算电动机的转速。

旋转编码器分为绝对式和增量式两种。绝对式编码器常用于检测转角，在伺服系统中得到广泛的使用。增量式编码器在码盘上均匀地刻制一定数量的光栅，又称作脉冲编码器。

本节以日本欧姆龙公司 E6B2 系列增量式旋转编码器(Incremental Rotary Encoder)为例，讲解旋转编码器的工作原理。图 8－29 为 E6B2 系列增量式旋转编码器的外观图。E6B2 系列旋转编码器为双路输出的旋转编码器，可输出两组相位差 90°的脉冲(A 相，B 相)，通过这两组脉冲不仅可以测量转速，还可以判断旋转的方向。除了 A 相、B 相之外，E6B2 系列旋转编码器还有 Z 相输出。编码器每旋转一圈，Z 相输出一个脉冲，可以作为复位相或零位相来使用。E6B2 系列旋转编码器的 I/O 接口线说明如表 8－7 所示。

图 8-29　E6B2 系列增量式旋转编码器

表 8-7　I/O 接口线

线色	端子名
褐	电源(+Vcc)
黑	输出 A 相
白	输出 B 相
橙	输出 Z 相
蓝	0V(COMMON)

1. 旋转编码器的铭牌数据

旋转编码器主要的铭牌数据有：供电电压、输出方式及分辨率等，表 8-8 为 E6B2 系列增量式旋转编码器的铭牌数据。

表 8-8　E6B2 系列增量式旋转编码器的铭牌数据

电源电压	输出方式	分辨率(脉冲/旋转)	型号
DC 5～24 V	集电极开路输出(NPN 输出)	10、20、30、40、50、60、100、200、300、360、400、500、600	E6B2-CWZ6C
		720、800、1000、1024	
		1200、1500、1800、2000	
DC 12～24 V	集电极开路输出(PNP 输出)	100、200、360、500、600	E6B2-CWZ5B
		1000	
		2000	
DC 5～12 V	电压输出	10、20、30、40、50、60、100、200、300、360、400、500、600	E6B2-CWZ3E
		1000	
		1200、1500、1800、2000	
DC5 V	线性驱动输出	10、20、30、40、50、60、100、200、300、360、400、500、600	E6B2-CWZ1X
		1000、1024	
		1200、1500、1800、2000	

2. 旋转编码器的工作原理

图 8-30 为增量式旋转编码器工作原理示意图，该旋转编码器由一个中心有轴的光电码盘，其上有环形通、暗的刻线，有光发射和接收装置，当电动机旋转时，码盘随之一起转动，接收装置接收光波并转换成电脉冲。记录在一定时间间隔内的脉冲数，就可以计算出这段时间内的转速。

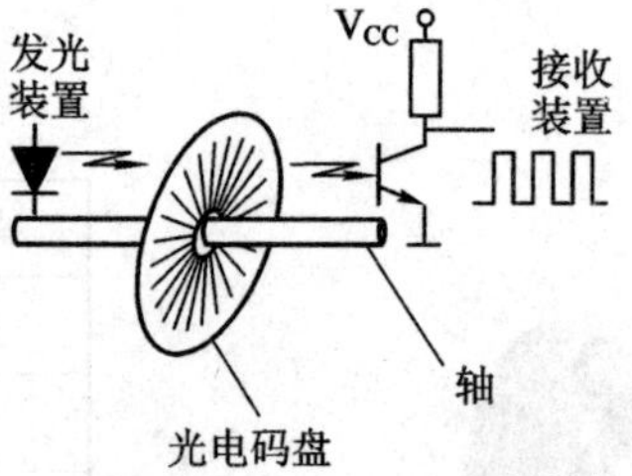

图 8－30　增量式旋转编码器工作原理示意图

脉冲序列能正确反映转速的高低，但不能鉴别转向。为了获得转速的方向，增加一对发光与接收装置，使两对发光与接收装置错开光栅节距的 1/4，则两组脉冲序列 A 和 B 的相位相差 90°。如图 8－31 所示。正转时 A 相超前 B 相；反转时 B 相超前 A 相。采用简单的鉴相电路就可以分辨出转向。

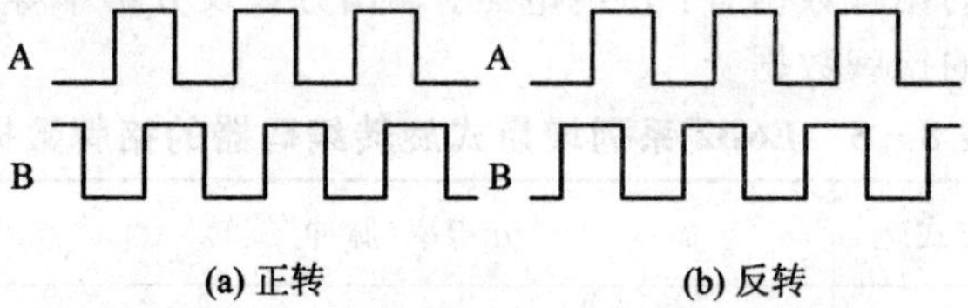

图 8－31　区分旋转方向的 A、B 两组脉冲序列

3. 旋转编码器的测速方法

采用旋转编码器的测速方法有三种：M 法，T 法，M/T 法。

1) M 法测速

记取一个采样周期内旋转编码器发出的脉冲个数来计算出转速的方法称为 M 法测速，又称测频法测速。由系统的定时器按采样周期的时间定期地发出一个时间到的信号，而计数器则记录下在两个采样脉冲信号之间的旋转编码器的脉冲个数，如图 8－32 所示。

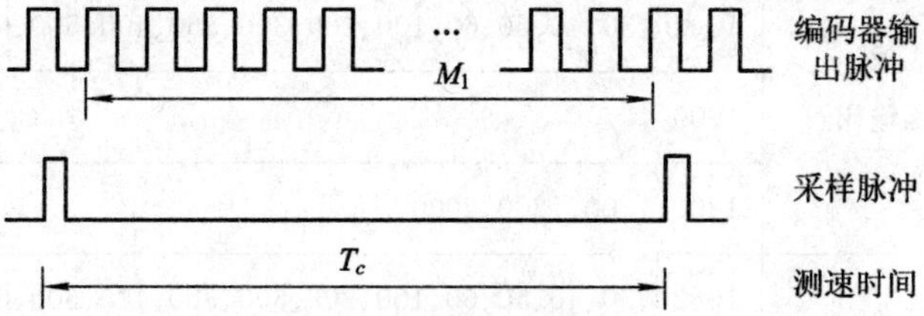

图 8－32　M 法测速原理示意图

M 法测速转速的计算公式为

$$n = \frac{60M_1}{ZT_c} \tag{8-23}$$

式中，n 为转速，单位为 r/min；M_1 为时间 T_c 内的脉冲个数；

Z 为旋转编码器每转输出的脉冲个数，T_c 为采样周期，单位为 s。

M_1 与转速成正比，转速越低，M_1 越小，测量误差率越大，测速精度则越低。这是 M 法测速的缺点，M 法测速只适用于高速段。

2）T 法测速

T 法测速是测出旋转编码器两个输出脉冲之间的间隔时间来计算出转速。它又被称为测周法测速。

T 法测速同样也是用计数器加以实现，与 M 法测速不同的是，它计量的是计算机发出的高频时钟脉冲，以旋转编码器输出的脉冲的边沿作为计数器的起始点和终止点，如图 8-33 所示。

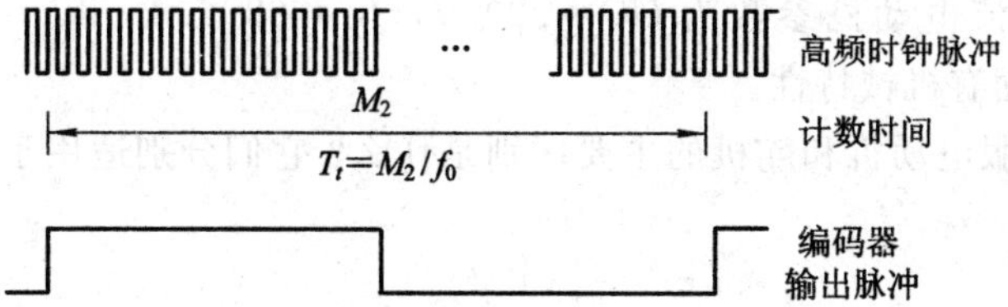

图 8-33　T 法测速原理示意图

设在旋转编码器两个输出脉冲之间计数器记录了 M_2个时钟脉冲，而时钟脉冲的频率是 f_0，则电动机转一圈的时间是 ZM_2/f_0，由此得 T 法测速转速的计算公式为

$$n=\frac{60f_0}{ZM_2} \tag{8-24}$$

式中，M_2为旋转编码器两个输出脉冲之间的时钟脉冲个数，f_0为时钟脉冲的频率(Hz)。

低速时，编码器相邻脉冲间隔时间长，测得的高频时钟脉冲 M_2个数多，误差率小，测速精度高，T 法测速适用于低速段。

3）M/T 法测速

在 M 法测速中，随着电动机的转速的降低，计数值 M_1减少，测速装置的分辨能力变差，测速误差增大。在 T 法测速中，随着电动机转速的增加，计数值 M_2减小，测速装置的分辨能力越来越差。既检测 T_c时间内旋转编码器输出的脉冲个数 M_1，又检测同一时间间隔的高频时钟脉冲个数 M_2，用来计算转速，称作 M/T 法测速。

M/T 法测速原理如图 8-34 所示。

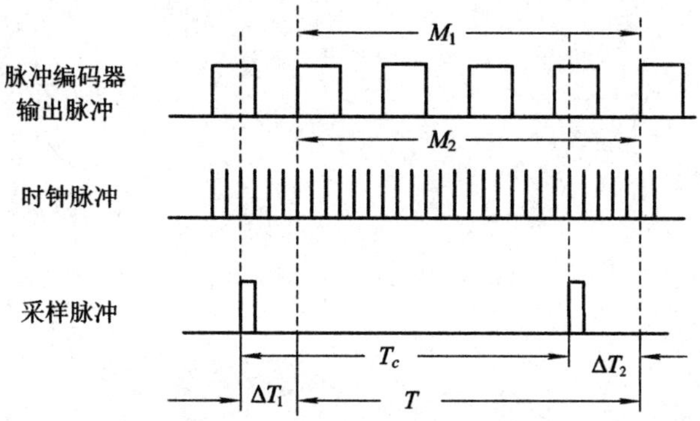

图 8-34　M/T 法测速原理

M/T 法测速转速的计算公式为

$$n=\frac{60f_0M_1}{ZM_2} \tag{8-25}$$

M/T 法测速在高速和低速段都有较强的分辨能力。

习　　题

8-1　直流电动机稳定运行时，电磁转矩的大小由什么决定？电力拖动系统静态稳定运行的充分和必要条件是什么？

8-2　他励直流电动机参数为 $U_N = 220$ V，$I_N = 68.6$ A，$n_N = 1500$ r/min，$P_N = 13$ kW，试绘制其固有机械特性。

8-3　直流伺服电动机和舵机的主要区别是什么？它们分别适用于什么场合？

第 9 章　机 器 人 控 制

第 7 章介绍了机械臂的轨迹规划方法，也就是给定了机械臂期望的关节轨迹，这些关节轨迹对应末端执行器在空间的期望运动。本章将介绍如何控制机械臂以实现这些期望的运动。

9.1　反馈与闭环控制

一般机械臂的每个关节都安装测量关节角位置的传感器，同时装有对相邻连杆施加扭矩的驱动器。我们希望机械臂关节按期望轨迹运动，而驱动器是按照扭矩指令运动的。因此，必须应用某种控制律计算出适当的驱动指令来实现期望的运动。而这些期望的扭矩主要是根据关节传感器的反馈计算出来的。图 9 - 1 为机器人控制系统的示意图。机器人控制系统根据期望关节轨迹和传感器反馈得到的关节位置与速度信息计算控制力矩，驱动机器人实现期望的运动。如果不使用传感器反馈信息，且假设已知系统的动力学模型，可以直接根据期望关节轨迹得到需要的驱动扭矩

$$\boldsymbol{\tau} = \boldsymbol{M}(\boldsymbol{\theta}_d)\ddot{\boldsymbol{\theta}}_d + \boldsymbol{C}(\boldsymbol{\theta}_d, \dot{\boldsymbol{\theta}}_d) + \boldsymbol{G}(\boldsymbol{\theta}_d) \tag{9-1}$$

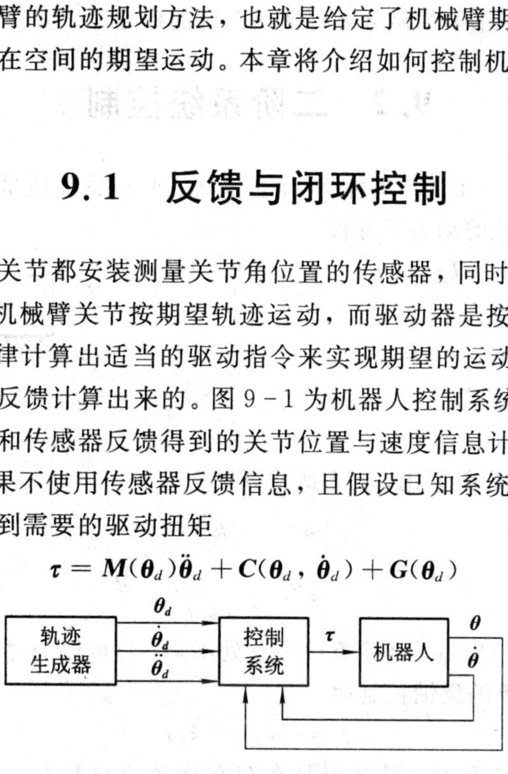

图 9 - 1　机器人控制系统示意图

如果模型是精确的，而且不存在其他干扰，应用式(9 - 1)控制机械臂即可实现期望的轨迹。式(9 - 1)这种不使用反馈信息的控制方法称为开环控制。然而实际系统的模型一般不会是精确的，而且干扰总是存在的，所以这种开环控制方案是不实用的。建立高性能控制系统的方法是利用关节角反馈信息，通过比较期望位置和实际位置之差以及期望速度与实际速度之差得到伺服误差

$$\begin{cases} \boldsymbol{E} = \boldsymbol{\theta}_d - \boldsymbol{\theta} \\ \dot{\boldsymbol{E}} = \dot{\boldsymbol{\theta}}_d - \dot{\boldsymbol{\theta}} \end{cases} \tag{9-2}$$

系统根据伺服误差函数计算驱动器需要的扭矩。这种利用反馈的控制系统称为闭环控制系统。从图 9 - 1 中可以看出，控制系统的信号流形成一个封闭的环。

控制系统设计的核心问题是保证闭环系统满足特定的性能要求，而最基本的标准是系统必须保持稳定。稳定系统的定性解释是，机器人在按照各种期望轨迹运动时系统始终保持“较小”的伺服误差，即使存在“中度”的干扰。而不稳定系统的伺服误差随系统运行增大，而不是减小。

图 9－1 中所有信号线均表示 n 维矢量(假设机械臂有 n 个关节)，因此机械臂控制系统是一个多输入多输出(MIMO)控制系统。本章将每个关节作为一个独立的系统进行控制，因此需要设计 n 个独立的单输入单输出(SISO)控制系统。这也是目前大部分工业机器人所采用的控制系统设计方法。这种独立关节控制方法是一种近似方法，因为机械臂的动力学方程的关节变量之间是相互耦合的。

控制系统设计采用的模型可以选择传递函数或微分方程描述。因为非线性问题只能采用微分方程描述，所以本书采用微分方程描述系统的模型。

9.2　二阶系统控制

图 9－2 所示为一个带驱动器的弹簧-质量系统，驱动器在质量块上施加力 f，根据牛顿第二定律可以得到系统的动力学方程

$$m\ddot{x}+c\dot{x}+kx=f \tag{9-3}$$

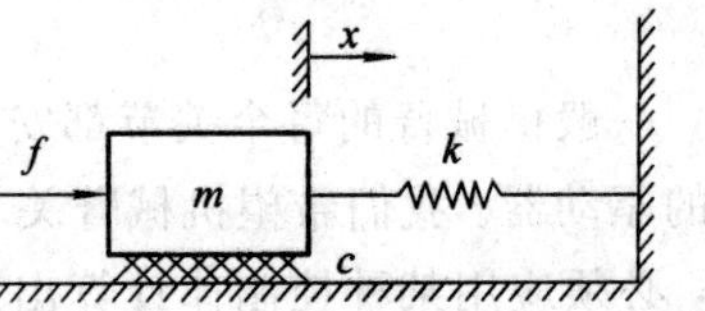

图 9－2　带驱动器的弹簧-质量系统

系统自由振动的微分方程为

$$m\ddot{x}+c\dot{x}+kx=0 \tag{9-4}$$

可以写成标准二阶系统形式

$$\ddot{x}+2\zeta\omega_n\dot{x}+\omega_n^2 x=0 \tag{9-5}$$

式中，ω_n 为固有频率；ζ 为阻尼比，其表达式分别为

$$\begin{cases}\omega_n=\sqrt{k/m}\\ \zeta=\dfrac{c}{2\sqrt{km}}\end{cases} \tag{9-6}$$

假定控制的任务是使质量块固定在 $x=0$ 处不动，且可以通过传感器测量质量块的位置和速度。可以采用如下的反馈控制律

$$f=-k_p x-k_d\dot{x} \tag{9-7}$$

该控制系统称为位置校正系统。其功能是在存在扰动的情况下，保持质量块在固定的位置。将反馈控制律式(9－7)带入到动力学方程式(9－3)，得到系统的闭环动力学方程如下

$$m\ddot{x}+c\dot{x}+kx=-k_p x-k_d\dot{x} \tag{9-8}$$

合并相同项得

$$m\ddot{x}+c'\dot{x}+k'x=0 \tag{9-9}$$

式中，$k'=k+k_p$；$c'=c+k_d$。由式(9－9)可知，通过设定控制增益可以使闭环系统呈现任何期望的二阶系统特性。通常选择控制增益使阻尼比 $\zeta=0.7$ 或者 $\zeta=1$(临界阻尼)，并使系统得到期望的闭环刚度。

例 9－1　对于图 9－2 所示的弹簧-质量系统，各参数为质量 $m=10$ kg，阻尼系数 $c=2$ Ns/m，刚度系数 $k=20$ N/m。求使闭环系统固有频率为 $\omega_n=20$ 且阻尼比 $\zeta=0.7$ 或者 $\zeta=1$ 时临界阻尼系统的位置校正控制律的增益 k_p 和 k_d。

解： 闭环增益

$$k'=m\omega_n^2=4000\ \text{N/m}$$

根据式(9－6)，当 $\zeta=1$ 时

$$c'=2\sqrt{mk'}=400\ \text{Ns/m}$$

因此系统的控制增益分别为

$$k_p = k' - k = 4000 - 20 = 3980\ \text{N/m}$$
$$k_d = c' - c = 400 - 2 = 398\ \text{Ns/m}$$

当 $\zeta=0.7$ 时

$$c' = 2\times 0.7\sqrt{mk'} = 280\ \text{Ns/m}$$

因此系统的控制增益分别为

$$k_p = k' - k = 4000 - 20 = 3980\ \text{N/m},\ k_d = c' - c = 280 - 2 = 278\ \text{Ns/m}$$

图 9-3 给出了选择 $\zeta=1$(临界阻尼)，闭环固有频率分别为 $\omega_n=20$ 和 $\omega_n=2$ 情况下，闭环系统的响应曲线。很明显，为了快速达到期望位置必须使闭环系统具有高刚度(固有频率)。

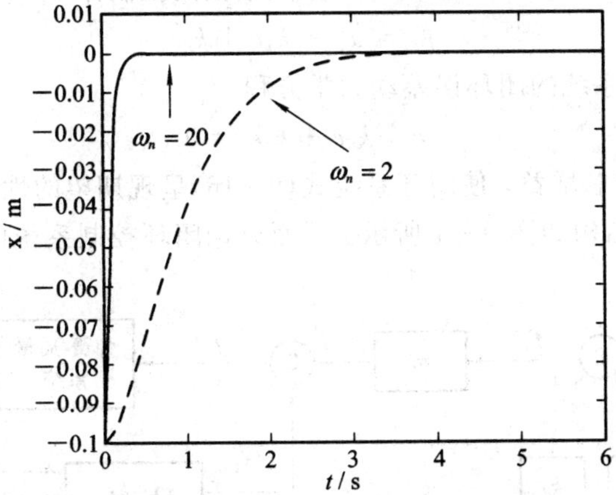

图 9-3　闭环系统响应曲线

9.3　控制律的分解

在系统模型已知的条件下，控制律式(9-7)可以分解为基于模型的控制和伺服控制两部分。这样系统的参数(m, c, k)仅出现在基于模型的控制部分，使得伺服控制部分的设计变得简单容易。这种控制律分解方法在复杂的非线性系统控制中非常重要，可以把复杂的非线性系统控制器设计问题转化为线性系统控制器设计问题。下面以 9.2 节介绍的弹簧-质量系统为例介绍这种控制器设计方法。

在式(9-7)中，令基于模型的控制为 $f=\alpha f'+\beta$，则

$$m\ddot{x} + c\dot{x} + kx = \alpha f' + \beta \tag{9-10}$$

将 f' 作为新的系统输入，并选择

$$\begin{cases} \alpha = m \\ \beta = c\dot{x} + kx \end{cases} \tag{9-11}$$

则式(9-10)变为

$$\ddot{x} = f' \tag{9-12}$$

采用与 9.2 节相同的方法设计控制律

$$f' = -k_p x - k_d \dot{x} \tag{9-13}$$

则闭环系统动力学方程为

$$\ddot{x} + k_d\dot{x} + k_p x = 0 \tag{9-14}$$

这种控制律分解设计方法使得控制增益的选择非常容易，且与系统参数无关。k_p即为闭环刚度，使闭环系统处于临界阻尼状态时 $k_d = 2\sqrt{k_p}$。

9.4 轨迹跟踪控制

9.2 节和 9.3 节讨论了期望系统维持在零点的控制律设计问题，下面研究让质量块按期望轨迹运动的控制律设计问题。给定质量块的期望轨迹 $x_d(t)$，并假设轨迹充分光滑，即 $\dot{x}_d$ 和 $\ddot{x}_d$ 存在。定义伺服误差 $e = x_d - x$，并采用下面的控制律

$$f' = \ddot{x}_d + k_p e + k_d\dot{e} \tag{9-15}$$

代入到式(9-12)得到系统的闭环误差动力学方程

$$\ddot{e} + k_d\dot{e} + k_p e = 0 \tag{9-16}$$

因此，可以通过选择控制增益，使闭环系统式(9-16)呈现期望的性能。采用控制分解技术设计的轨迹跟踪控制结构如图 9-4 所示。下面讨论闭环控制系统的抗干扰能力和存在干扰条件下的稳态误差。

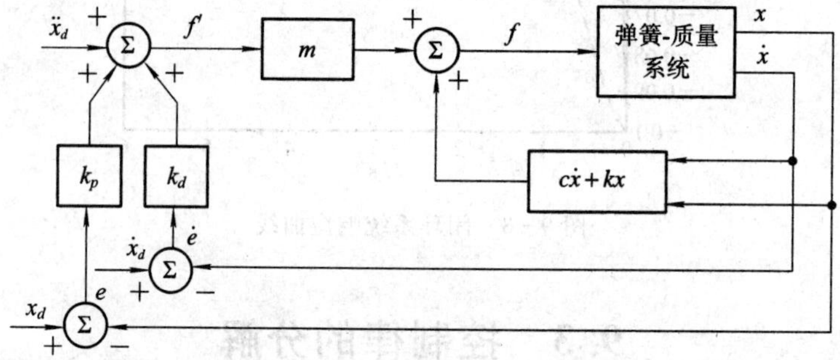

图 9-4 轨迹跟踪控制结构

控制系统的一个重要作用是具有抗干扰能力，即系统在存在外部干扰的情况下，仍能保持良好的性能。假设弹簧-质量系统存在有界的常值干扰力，闭环系统的误差动力学方程变为

$$\ddot{e} + k_d\dot{e} + k_p e = f_{\text{dist}} \tag{9-17}$$

根据常微分方程理论，误差动力学方程的解是有界的。当系统达到稳态时，系统的稳态误差为

$$e = \frac{f_{\text{dist}}}{k_p} \tag{9-18}$$

式(9-18)表明系统在常值干扰的情况下存在稳态误差，其数值随控制增益 k_p 增大而减小。

为了消除稳态误差，一般采用在控制律中附加积分项。控制律为

$$f' = \ddot{x}_d + k_p e + k_d\dot{e} + k_i\int e\mathrm{d}t \tag{9-19}$$

系统的误差方程变为

$$\ddot{e} + k_d\dot{e} + k_p e + k_i\int e\mathrm{d}t = f_{\text{dist}} \tag{9-20}$$

计算式(9-20)的导数，得

$$\dddot{e} + k_d\ddot{e} + k_p\dot{e} + k_i e = \dot{f}_{\text{dist}} \tag{9-21}$$

这是一个三阶常微分方程，注意到干扰是常数，因此系统的稳态误差为

$$e = 0 \tag{9-22}$$

控制律式(9－19)是工程上广泛使用的所谓比例—积分—微分控制，即 PID 控制。式(9－15)是其简化形式，称为 PD 控制。

从以上分析可知，在存在常值外部干扰的情况下，PD 控制存在稳态误差，而附加积分项的 PID 控制可以消除这种稳态误差。

我们仍然以例 9－1 的弹簧-质量系统为例设计轨迹跟踪控制律。各参数取为质量 $m=10$ kg，阻尼系数 $c=2$ Ns/m，刚度系数 $k=20$ N/m，设计闭环系统的固有频率 $\omega_n=20$，阻尼比 $\zeta=1$。PD 控制律的增益 $k_p=400$ 和 $k_d=40$，系统的期望轨迹为 $x_d=\sin 2\pi t$。图 9－5 给出了弹簧-质量系统的闭环跟踪控制曲线，其中图 9－5(a)是没有外部扰动时系统的跟踪控制曲线，虚线为期望轨迹，实线为实际轨迹。从图上可以看出两者基本是重合的，即实现了完美跟踪。图 9－5 (b)给出了系统存在常值扰动 $f_{\text{dist}}=300$ N 时系统的跟踪控制曲线，曲线的含义与图 9－5(a)的含义相同，从图上可以看出系统响应明显向上偏移，即存在静差。图 9－5(c)给出了在前面 PD 控制基础上附加积分项 $k_i=400$，即 PID 控制的系统跟踪控制曲线。观察图 9－5(c)可以发现，开始阶段系统存在和 PD 控制类似的误差，但随着误差积分作用的显现，经过两个周期以后系统实现了对期望轨迹的完美跟踪。

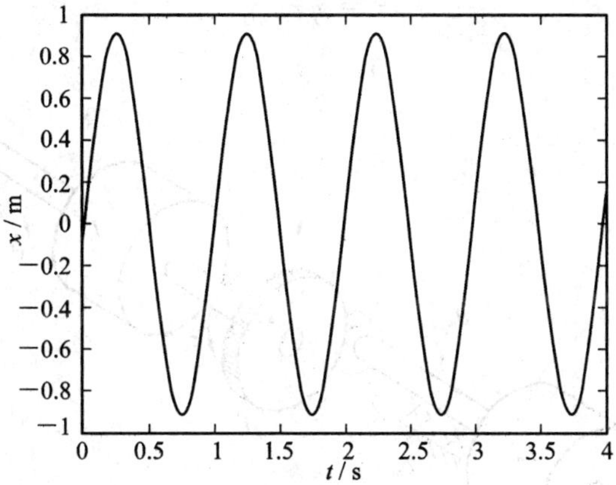

(a) 闭环响应曲线

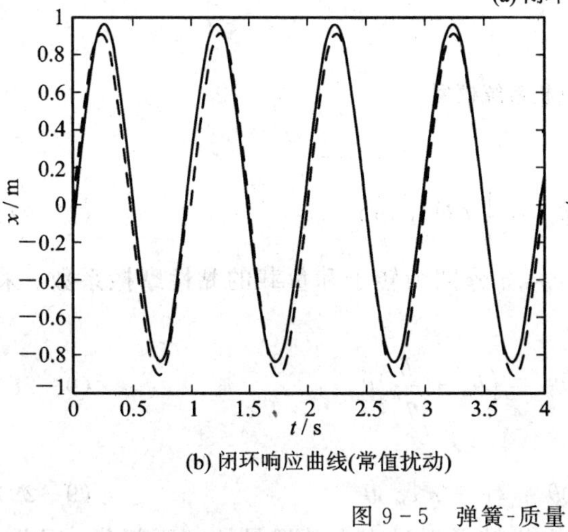

(b) 闭环响应曲线(常值扰动)

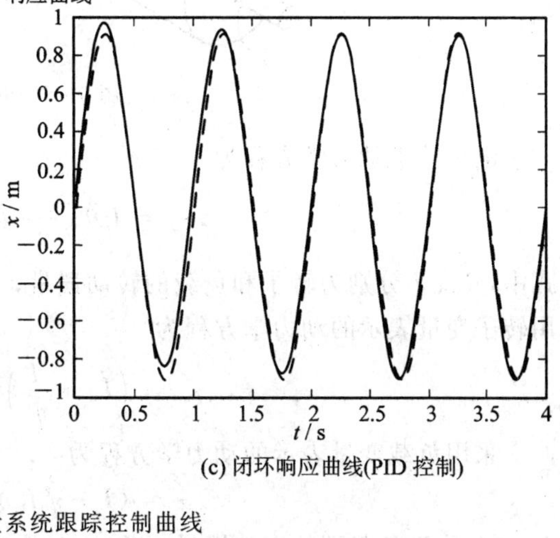

(c) 闭环响应曲线(PID 控制)

图 9－5　弹簧-质量系统跟踪控制曲线

9.5 单关节控制

直流伺服电机是工业机器人最常用的驱动装置。由上一章的内容可以得到独立关节控制的数学模型。

1. 电机模型

假设电机常数为电枢绕组感抗 l_a、电枢绕组电阻 r_a、转矩常数 k_m、反电动势常数 k_e，电路中各物理量表示为电源电压 v_a、电流 i_a、反电动势 v、电机转矩 τ_m，则电机输出转矩为

$$\tau_m = k_m i_a \tag{9-23}$$

电路方程为

$$l_a \dot{i}_a + r_a i = v_a - k_e \dot{\theta}_m \tag{9-24}$$

忽略电机感抗影响，在理想情况下可以将电机看成一个纯力矩源。

2. 机电模型

电机通常通过减速器与负载相连，图 9-6 所示为通过减速器与负载相连的电机转子的动力学模型。设传动比为 η，负载转矩为 τ，负载转角 θ，则负载与电机相应量之间的关系为

$$\tau = \eta \tau_m \tag{9-25}$$

$$\dot{\theta} = \frac{1}{\eta}\dot{\theta}_m \tag{9-26}$$

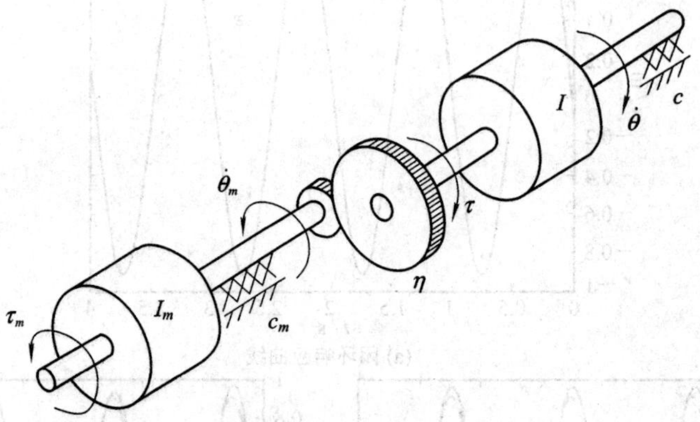

图 9-6　电机系统模型

电机转子动力学方程为

$$\tau_m = I_m \ddot{\theta}_m + c_m \dot{\theta}_m + \frac{1}{\eta}(I\ddot{\theta} + c\dot{\theta}) \tag{9-27}$$

式中，I_m、I 分别为转子和负载的转动惯量；c_m、c 分别为转子和负载的黏性摩擦系数。采用转子变量表示的动力学方程为

$$\tau_m = \left(I_m + \frac{I}{\eta^2}\right)\ddot{\theta}_m + \left(b_m + \frac{b}{\eta^2}\right)\dot{\theta}_m \tag{9-28}$$

采用负载变量表示的动力学方程为

$$\tau = (I + \eta^2 I_m)\ddot{\theta} + (c + \eta^2 c_m)\dot{\theta} \tag{9-29}$$

$I + \eta^2 I_m$ 称为负载端的有效惯量，当 $\eta \gg 1$ 时，电机转子惯量占有效惯量的主要部分。因此，

可以将有效惯量视为常数，这也是可以采用独立关节控制的原因之一。

在上面的建模过程中，我们忽略了电机和负载的柔性，但实际系统都存在一定的柔性。假设系统的柔性振动固有频率为 ω_{res}，为了防止激起未建模的柔性动态(柔性共振)，则设计闭环控制系统的固有频率应该满足

$$\omega_n \leqslant \frac{\omega_{res}}{2} \tag{9-30}$$

如果为了加快系统的响应速度而选择很高的增益，就有激起系统未建模柔性共振的风险。对于带有太阳帆板等柔性部件的航天器，因为没有空气阻力，柔性共振后果比较严重。历史上就曾有过因为控制系统引起卫星柔性共振而出现事故的教训。

单关节控制系统设计中，假设电机为纯力矩源、有效惯量为常数、机构柔性可以忽略。则可以采用如下的分解控制策略

$$\begin{cases} \alpha = I_{\max} + \eta^2 I_m \\ \beta = c_{\max} + \eta^2 c_m \end{cases} \tag{9-31}$$

$$\tau' = \ddot{\theta}_d + k_d\dot{e} + k_p e \tag{9-32}$$

则闭环系统误差动力学方程为

$$\ddot{e} + k_d\dot{e} + k_p e = \tau_{dist} \tag{9-33}$$

设计闭环系统的固有频率为柔性固有频率的 1/2，系统处于临界阻尼状态，则控制增益为

$$\begin{cases} k_p = \omega_n^2 = \dfrac{\omega_{res}^2}{4} \\ k_d = 2\sqrt{k_p} = \omega_{res} \end{cases} \tag{9-34}$$

显然，控制系统设计需要对结构的柔性进行估计。

9.6 机械臂非线性控制

1. 反馈线性化控制

前面介绍的单关节控制忽略了机械臂连杆间的耦合，而实际系统是高度耦合的非线性系统。下面仍然采用控制律分解技术设计控制律，系统动力学方程为

$$\boldsymbol{\tau} = \boldsymbol{M}(\boldsymbol{\theta})\ddot{\boldsymbol{\theta}} + \boldsymbol{C}(\boldsymbol{\theta},\dot{\boldsymbol{\theta}}) + \boldsymbol{G}(\boldsymbol{\theta}) \tag{9-35}$$

选择分解控制参数(此时为矩阵和矢量)

$$\begin{cases} \boldsymbol{\tau} = \boldsymbol{\alpha}\boldsymbol{\tau}' + \boldsymbol{\beta} \\ \boldsymbol{\alpha} = \boldsymbol{M}(\boldsymbol{\theta}) \\ \boldsymbol{\beta} = \boldsymbol{C}(\boldsymbol{\theta},\dot{\boldsymbol{\theta}}) + \boldsymbol{G}(\boldsymbol{\theta}) \end{cases} \tag{9-36}$$

伺服控制律

$$\boldsymbol{\tau}' = \ddot{\boldsymbol{\theta}}_d + \boldsymbol{K}_d\dot{\boldsymbol{E}} + \boldsymbol{K}_p\boldsymbol{E} \tag{9-37}$$

其中，伺服误差定义为

$$\begin{cases} \boldsymbol{E} = \boldsymbol{\theta}_d - \boldsymbol{\theta} \\ \dot{\boldsymbol{E}} = \dot{\boldsymbol{\theta}}_d - \dot{\boldsymbol{\theta}} \end{cases} \tag{9-38}$$

系统的闭环误差动力学方程为

$$\ddot{E} + K_d\dot{E} + K_p E = 0 \tag{9-39}$$

实际应用一般选择控制增益矩阵 K_p 和 K_d 为对角矩阵，则此时矢量方程式(9－39)是解耦的，可以写成与独立关节控制相同的形式

$$\ddot{e} + k_{di}\dot{e} + k_{pi}e = 0 \tag{9-40}$$

采用控制律分解技术，基于模型的控制部分的反馈补偿将系统变为单位质量的二阶线性系统，因此该方法也被称为反馈线性化方法。当然，实际系统不可能具有如此理想的控制性能，因为模型总是不够精确的。

下面以第6章例6－5采用的两连杆平面机械臂(见图6－7)为对象，说明机械臂反馈线性化控制(控制律分解技术)方法。仿真采用的机械臂的参数如下

大臂质量 $m_1=1$ kg，小臂质量 $m_2=0.2$ kg，大臂长度 $L_1=1$ m，小臂长度 $L_2=0.6$ m，大臂质心到臂起点距离 $Lc_1=0.5$ m，小臂质心到臂起点距离 $Lc_2=0.3$ m，大臂转动惯量 $I_1=0.1$ kgm^2，小臂转动惯量 $I_2=0.02$ kgm^2，重力加速度 $g=9.8$ m/s^2。

采用式(9－36)和式(9－37)给出的控制律分解和伺服控制方法，闭环系统的刚度为 $\omega_n=10$(kp=100)，阻尼比 $\eta=0.7$(kd=14)。期望机械臂末端画一个以(0.5,0)为圆心，以0.1为半径的圆，期望机械臂末端运动轨迹选为

$$r_x(t)=0.1\cos(2\pi t)+0.5$$
$$r_y(t)=0.1\sin(2\pi t)$$

因为机械臂控制是在关节空间进行的，所以必须先求出关节空间的期望关节角及其角速度轨迹。期望关节角轨迹可以按一定的时间步长采用逆运动学式(3－12)～式(3－14)计算离散时间点的值。期望角速度轨迹可以采用雅可比矩阵建立的关节空间速度与笛卡尔空间速度的关系式(5－15)获得，例5－3已经计算了该机械臂的雅可比矩阵。而笛卡尔空间速度可以通过对上面给出的期望机械臂末端运动轨迹求导而得到。图9－7给出了两连杆机械臂反馈线性化跟踪控制的仿真结果，仿真图表明，即使在初始误差比较大的情况下，闭环系统也可以实现期望轨迹的有效跟踪。

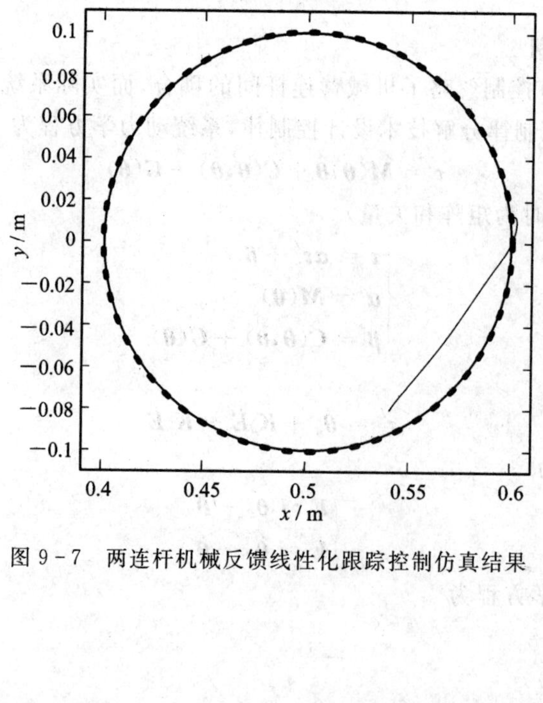

图9－7　两连杆机械反馈线性化跟踪控制仿真结果

2. 独立关节 PID 控制

实际工业机器人一般采用如下的独立关节 PID 控制

$$\boldsymbol{\tau} = \ddot{\boldsymbol{\theta}}_d + \boldsymbol{K}_d\dot{\boldsymbol{E}} + \boldsymbol{K}_p\boldsymbol{E} + \boldsymbol{K}_i\int \boldsymbol{E}\mathrm{d}t \tag{9-41}$$

式中，增益矩阵 $\boldsymbol{K}_d$、$\boldsymbol{K}_p$、$\boldsymbol{K}_i$ 为正常数对角矩阵，当期望加速度未知时可以简单地设为零。也就是实际工业机器人一般不采用基于模型的控制。因此，可以简单地对机械臂的每个关节独立进行控制，一般每个关节采用一个独立的单片机(或数字信号处理器 DSP)进行控制。因为动力学的重力项估计相对比较容易，所以也有些工业机器人采用附加重力补偿项的控制方法

$$\boldsymbol{\tau} = \ddot{\boldsymbol{\theta}}_d + \boldsymbol{K}_d\dot{\boldsymbol{E}} + \boldsymbol{K}_p\boldsymbol{E} + \boldsymbol{K}_i\int \boldsymbol{E}\mathrm{d}t + \hat{\boldsymbol{G}}(\boldsymbol{\theta}) \tag{9-42}$$

同时也可以将质量矩阵的估计引入到控制系统中，但速度项和摩擦项一般难以建模估计。独立关节 PID 控制和带重力补偿项 PID 控制的稳定性分析不能采用前面的线性系统分析方法，可以采用下面介绍的李雅普诺夫方法证明系统的稳定性。

(1) 李雅普诺夫直接法。19 世纪俄国数学物理学家李雅普诺夫提出了两种分析非线性系统稳定性的方法。一种是将非线性系统在平衡点附近线性化，再根据线性系统特征值分布情况分析系统的稳定性，称为李雅普诺夫第一方法。另一种是定义李雅普诺夫能量函数，从能量的角度直接分析非线性系统的稳定性，称为李雅普诺夫第二方法(又称李雅普诺夫直接法)。李雅普诺夫直接法及其改进方法仍然是目前非线性控制系统稳定性分析与设计的基本方法。

下面以前面介绍的弹簧-质量系统自由振荡平衡点的稳定性为例说明李雅普诺夫直接法。系统动力学方程为

$$m\ddot{x} + c\dot{x} + kx = 0 \tag{9-43}$$

式中，$x=0$ 是系统的平衡点。对任意的 x，系统的能量函数为

$$V(x) = \frac{1}{2}m\dot{x}^2 + \frac{1}{2}kx^2 \tag{9-44}$$

式中，第一项是系统动能；第二项是系统弹性势能。将式(9-44)对时间求导，并考虑动力学方程式(9-43)，可以得到系统能量随时间的变化率为

$$\dot{V}(x) = m\dot{x}\ddot{x} + kx\dot{x} = (m\ddot{x} + kx)\dot{x} = -c\dot{x}^2 \leqslant 0 \tag{9-45}$$

上式只有 $\dot{x}=0$ 时等号成立，否则就是小于零的。因此，从任何初始状态出发，系统的能量总是随时间下降(耗散)的，直到系统达到静止($\dot{x}=0$)状态。当系统静止时加速度为零，所以根据动力学方程式(9-43)可知

$$kx = 0 \Rightarrow x = 0 \tag{9-46}$$

因此，系统从任何初始状态出发都将稳定到系统的平衡点。下面给出一般非线性系统稳定性判定的李雅普诺夫直接法。给定一般的非线性常微分方程组

$$\dot{\boldsymbol{X}} = f(\boldsymbol{X}) \tag{9-47}$$

式中，$\boldsymbol{X}$ 是 m 维矢量；$f(\boldsymbol{X})$ 是任意的非线性函数，假设零点是系统的平衡点($f(0)=0$)。构造广义能量函数(李雅普诺夫函数)$V(\boldsymbol{X})$，满足以下条件：

① $V(\boldsymbol{X})$ 具有连续一阶偏导数，对任意 $\boldsymbol{X} \neq 0$ 都有 $V(\boldsymbol{X})>0$，且 $V(0)=0$。

② $V(\boldsymbol{X})$ 沿任何系统的轨迹对时间的导数满足 $\dot{V}(\boldsymbol{X})\leqslant 0$。

则式(9-47)表示的系统平衡点是稳定的，如果条件②中的导数除平衡点 $\boldsymbol{X}=0$ 外均有 $\dot{V}(\boldsymbol{X})<0$，则系统平衡点是渐进稳定的。

例 9-2　给定线性系统 $\dot{\boldsymbol{X}}=-\boldsymbol{A}\boldsymbol{X}$，其中，$\boldsymbol{A}$ 为 $m\times m$ 对称正定矩阵。试用李雅普诺夫直接法证明系统平衡点的稳定性。

解: 因为 $\boldsymbol{A}$ 为对称正定矩阵，所以 $\boldsymbol{X}=0$ 是系统唯一平衡点，选取李雅普诺夫函数为

$$V(\boldsymbol{X})=\frac{1}{2}\boldsymbol{X}^{\mathrm{T}}\boldsymbol{X}$$

该函数是正定二次函数，满足前面的条件①，对时间求导得

$$\dot{V}(\boldsymbol{X})=\boldsymbol{X}^{\mathrm{T}}\dot{\boldsymbol{X}}=-\boldsymbol{X}^{\mathrm{T}}\boldsymbol{A}\boldsymbol{X}$$

因为 $\boldsymbol{A}$ 是对称正定矩阵，上式为非正的，且只有当 $\boldsymbol{X}=0$ 时为零，所以系统的平衡点是渐进稳定的。

例 9-3　给定具有非线性刚度的弹簧-质量系统自由振荡动力学方程 $\ddot{x}+\dot{x}+x^3=0$，试用李雅普诺夫直接法证明系统平衡点的稳定性。

解: $x=0$ 是系统唯一平衡点，选择李雅普诺夫函数为

$$V(x)=\frac{1}{2}\dot{x}^2+\frac{1}{4}x^4$$

该函数是正定的，满足前面的条件 1，对时间求导得

$$\dot{V}(x)=\dot{x}\ddot{x}+x^3\dot{x}=(\ddot{x}+x^3)\dot{x}=-\dot{x}^2$$

该函数是非正的，所以系统将稳定到 $\dot{x}=0$，且 $\ddot{x}=0$。此时，根据动力学方程知 $x=0$，因此该系统是渐进稳定的。

(2) 带重力补偿 PID 控制系统的稳定性。下面采用李雅普诺夫直接法分析工业机器人控制系统的稳定性。系统动力学方程为

$$\boldsymbol{\tau}=\boldsymbol{M}(\boldsymbol{\theta})\ddot{\boldsymbol{\theta}}+\boldsymbol{C}(\boldsymbol{\theta},\dot{\boldsymbol{\theta}})+\boldsymbol{G}(\boldsymbol{\theta}) \tag{9-48}$$

采用附加重力补偿项的控制方法

$$\boldsymbol{\tau}=\boldsymbol{K}_p\boldsymbol{E}-\boldsymbol{K}_d\dot{\boldsymbol{\theta}}+\boldsymbol{G}(\boldsymbol{\theta}) \tag{9-49}$$

代入到式(9-48)得系统误差动力学方程为

$$\boldsymbol{M}(\boldsymbol{\theta})\ddot{\boldsymbol{\theta}}+\boldsymbol{C}(\boldsymbol{\theta},\dot{\boldsymbol{\theta}})+\boldsymbol{K}_d\dot{\boldsymbol{\theta}}-\boldsymbol{K}_p\boldsymbol{E}=0 \tag{9-50}$$

选择李雅普诺夫函数为

$$V(\boldsymbol{X})=\frac{1}{2}\dot{\boldsymbol{\theta}}^{\mathrm{T}}\boldsymbol{M}(\boldsymbol{\theta})\dot{\boldsymbol{\theta}}+\frac{1}{2}\boldsymbol{E}^{\mathrm{T}}\boldsymbol{K}_p\boldsymbol{E} \tag{9-51}$$

式中，$\boldsymbol{X}=[\boldsymbol{\theta}^{\mathrm{T}},\dot{\boldsymbol{\theta}}^{\mathrm{T}}]^{\mathrm{T}}$ 为系统状态变量，该函数是正定的，满足前面的条件①，对时间求导得

$$\begin{aligned}\dot{V}(\boldsymbol{X})&=\frac{1}{2}\dot{\boldsymbol{\theta}}^{\mathrm{T}}\dot{\boldsymbol{M}}(\boldsymbol{\theta})\dot{\boldsymbol{\theta}}+\dot{\boldsymbol{\theta}}^{\mathrm{T}}\boldsymbol{M}(\boldsymbol{\theta})\ddot{\boldsymbol{\theta}}-\boldsymbol{E}^{\mathrm{T}}\boldsymbol{K}_p\dot{\boldsymbol{\theta}}\\&=\frac{1}{2}\dot{\boldsymbol{\theta}}^{\mathrm{T}}\dot{\boldsymbol{M}}(\boldsymbol{\theta})\dot{\boldsymbol{\theta}}+\dot{\boldsymbol{\theta}}^{\mathrm{T}}\boldsymbol{K}_p\boldsymbol{E}-\dot{\boldsymbol{\theta}}^{\mathrm{T}}\boldsymbol{K}_d\dot{\boldsymbol{\theta}}-\dot{\boldsymbol{\theta}}^{\mathrm{T}}\boldsymbol{C}(\boldsymbol{\theta},\dot{\boldsymbol{\theta}})-\boldsymbol{E}^{\mathrm{T}}\boldsymbol{K}_p\dot{\boldsymbol{\theta}}\\&=-\dot{\boldsymbol{\theta}}^{\mathrm{T}}\boldsymbol{K}_d\dot{\boldsymbol{\theta}}\leqslant 0\end{aligned} \tag{9-52}$$

上式推导过程中使用了如下结果:

① $\frac{1}{2}\dot{\boldsymbol{\theta}}^{\mathrm{T}}\dot{\boldsymbol{M}}(\boldsymbol{\theta})\dot{\boldsymbol{\theta}}-\dot{\boldsymbol{\theta}}^{\mathrm{T}}\boldsymbol{C}(\boldsymbol{\theta},\dot{\boldsymbol{\theta}})=0$。

② $\dot{\boldsymbol{\theta}}^{\mathrm{T}}\boldsymbol{K}_p\boldsymbol{E}=\boldsymbol{E}^{\mathrm{T}}\boldsymbol{K}_p\dot{\boldsymbol{\theta}}$。

第一式是根据机械臂拉格朗日动力学方程的结构得到的结论，详细的可参考相关文献。第二式中注意到两项都是标量(数)，转置和自身相等，同时 $\boldsymbol{K}_p$ 是对称矩阵即可得到该结果。

根据式(9-52)知，系统将稳定在 $\dot{\boldsymbol{\theta}}=0$，所以 $\ddot{\boldsymbol{\theta}}=0$。再根据式(9-50)可以得到 $\boldsymbol{E}=0$，因此系统是渐进稳定的。

该结论解释了常用工业机器人采用简单的 PID 控制策略能够正常工作的原因。

3. 笛卡尔空间控制方法

前面介绍的工业机器人控制采用的都是关节空间的方法，而实际应用中一般给出的是末端执行器的轨迹，需要采用逆运动学方法计算。逆运动学计算比较复杂而且一般是多解的。所以，人们研究了采用基于笛卡尔坐标空间的控制方法。图 9-8 给出了其中一种笛卡尔坐标空间控制的实现方法(不需要位姿测量，只测量关节角)。笛卡尔坐标空间控制的实现通过系统雅可比矩阵的转置建立笛卡尔空间力和关节空间力矩的关系，通过系统的正运动学计算出笛卡尔空间坐标值。笛卡尔空间控制系统的稳定性和性能分析均比较复杂，而且由于非线性作用，难以保证系统在整个空间上的性能良好。

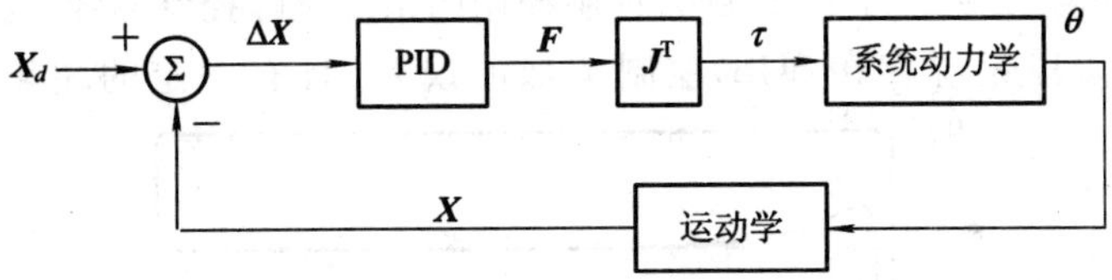

图 9-8　笛卡尔空间控制结构

4. 机械臂力控制

前面介绍了机械臂的空间轨迹跟踪控制问题，为了提高控制的精度和速度，闭环系统一般都具有非常高的刚度。当考虑机械臂与环境接触的操作任务时，如让机器人抓取一个生鸡蛋，采用位置控制方法显然是不合适的。因为位置误差总是存在的，操作的结果经常会是将鸡蛋抓碎或者抓不起来。完成此类任务的方法就是机械臂的力控制。下面以图9-9所示简单的弹簧-质量系统介绍力控制方法。

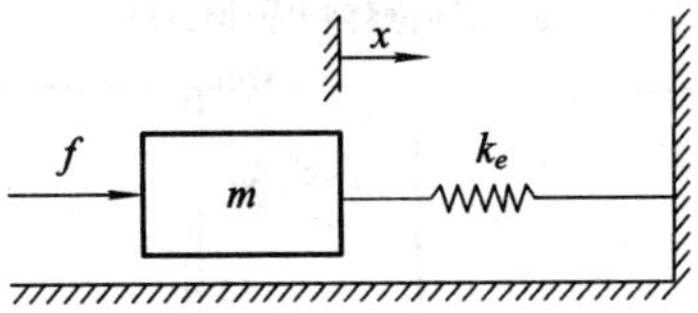

图 9-9　接触力控制

力控制主要用于机械臂与环境接触问题，接触模型通常简化为一个弹簧表示接触刚度 k_e。需要控制的是作用于环境的力 f_e，它是施加在弹簧上的作用力。

$$f_e = k_e x \tag{9-53}$$

系统的动力学方程为

$$f = m\ddot{x} + k_e x \tag{9-54}$$

利用式(9-53)，将 x 及其导数用环境力 f_e 表示，式(9-54)变为

$$f = mk_e^{-1}\ddot{f}_e + f_e \tag{9-55}$$

采用控制律分解技术令基于模型的控制为 $f=\alpha f'+\beta$，并选择

$$\begin{cases}\alpha = mk_e^{-1} \\ \beta = f_e\end{cases}$$

得到系统控制律

$$f = mk_e^{-1}(\ddot{f}_d + k_d\dot{e} + k_p e) + f_e \tag{9-56}$$

式中，$e=f_d-f_e$为期望环境力与实际环境力之差。系统的闭环误差方程为

$$\ddot{e} + k_d\dot{e} + k_p e = 0 \tag{9-57}$$

同 9-4 节类似，可以通过选择控制增益系统来使系统具有期望的性能。一般控制任务是将系统的接触力控制到常数值，所以系统的控制律简化为

$$f = m(-k_d\dot{x} + k_e^{-1}k_p e) + f_d \tag{9-58}$$

图 9-10 给出了弹簧-质量系统力控制误差曲线，仿真中参数选为质量 $m=10$ kg，环境刚度 $k_e=1000$ N/s，控制律的增益 $k_p=400$ 和 $k_d=40$，期望环境力 $f_d=100$ N，干扰力 $f_{dist}=100$ N。图 9-10(b)是采用 PD 力伺服控制时，系统的力跟踪误差曲线。从图上可以看出系统跟踪误差稳定在一个恒定值，即系统存在静差。图 9-10(c)给出了在前面 PD 控制基础上附加积分项 $k_i=400$，即 PID 力伺服控制的系统跟踪控制曲线。观察图 9-10(c)可以发现，开始阶段系统存在和PD控制类似的误差，且有一定的超调量，但随着误差

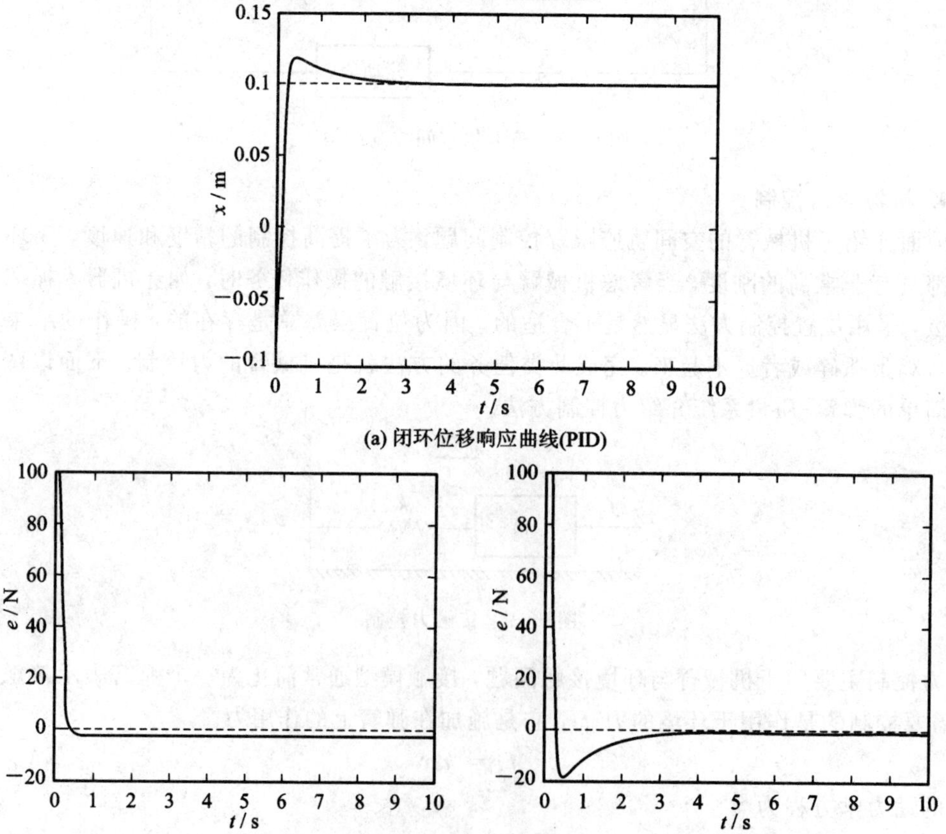

(a) 闭环位移响应曲线(PID)

(b) 闭环力伺服误差曲线(PD)

(c) 闭环力伺服误差曲线(PID)

图 9-10　弹簧-质量系统力控制误差曲线

积分作用的显现，经过 4 s 以后系统实现了对期望力轨迹的完美跟踪（误差趋于 0）。图 9-10(a)是采用 PID 力伺服控制时，系统的位移跟踪误差曲线。可以发现系统位移趋于 0.1 m，与环境刚度相乘得到的环境力恰好为期望环境力。

5. 机械臂阻抗控制

前面介绍的机械臂力控制方法需要已知环境的刚度，同时还需要环境力的测量。环境刚度估计是一个比较复杂的问题，同时，力的传感器测量经常是不方便的，而且难以达到比较高的精度。同位置测量相比，力测量的代价是比较大的。下面以机器人绘图为例说明所谓“阻抗控制”的基本思想。图 9-11 所示极坐标机器人，机器人可以沿 Z 轴转动，同时可以沿 X 轴滑动。通过控制 θ 和 d 可以使机械臂末端按期望的平面轨迹运动（例如直线、圆等）。如果在机械臂末端夹持一支笔，则可以期望能在工作台的纸上画出相应的曲线。但是，在实际系统上实现却不是很容易的。因为误差总是存在的，若笔太高则不能与纸张接触，而笔太低则可能卡住。一种简单的解决方法是在笔与机械臂末端之间放置一根合适的弹簧，则可以在一定的误差范围内完成绘制曲线的任务。

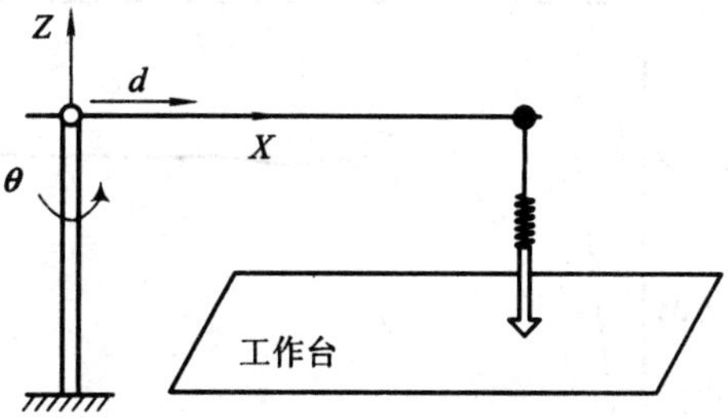

图 9-11 极坐标机器人

上面的例子不是通过力控制方法来实现笔与纸面的接触力大小，而是通过弹簧来实现的。该方法是一种被动的力控制方法。按照这种思想，机器人的力控制可以通过控制闭环系统自身的刚度来实现。下面仍然以简单的弹簧-质量系统为例介绍机器人的阻抗控制方法。

图 9-12 所示与环境接触的弹簧-质量系统，其中 f_e 为机器人对环境的作用力。系统的动力学方程为

$$m\ddot{x} + c\dot{x} + kx = f + f_e \tag{9-59}$$

期望动作为

$$m_d\ddot{x} + c_d\dot{e} + k_d e = f_e \tag{9-60}$$

式中，$e = x_d - x$ 为系统位置误差；m_d、c_d、k_d 分别表示期望的质量、阻尼和刚度系数。假设系统的加速度可测，根据式(9-59)和式(9-60)，可以得到系统的阻抗控制律为

$$f = (m - m_d)\ddot{x} + (c - c_d)\dot{x} + (k - k_d)x + c_d\dot{x}_d + k_d x_d \tag{9-61}$$

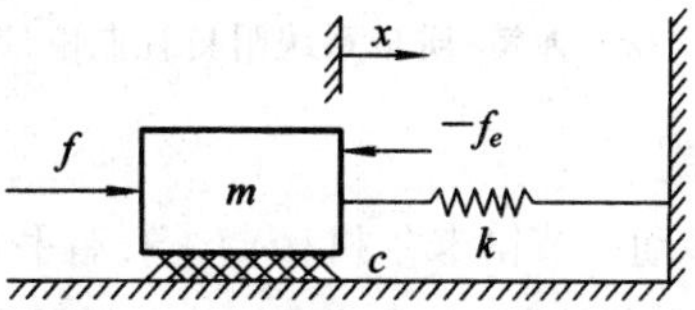

图 9-12 与环境接触的弹簧-质量系统

选择合适的期望的质量、阻尼和刚度系数，采用式(9-61)的阻抗控制即可使环境力按式(9-60)进行期望的动作。

图 9-13 给出了弹簧-质量系统阻抗控制闭环响应曲线，仿真中参数选为质量 $m=10$ kg，阻尼系数 $c=20$ N·s/m，刚度系数 $k=100$ N/m，位置控制设计系统的闭环系统固有频率为 $\omega_n=20$，系统的期望轨迹为 $x_d=0$。阻抗控制律的期望系统质量 $m_d=10$ kg，阻尼系数 $c_d=14$ N·s/m，刚度系数 $k_d=40$ N/m，环境刚度 $k_e=10000$ N/s。

图 9-13(a)是分别采用位置伺服控制和阻抗控制时，系统的位移跟踪曲线，其中细实线表示位置控制，粗实线表示阻抗控制。从该图上可以看出阻抗控制系统 6 s 左右可以实现期望轨迹跟踪，比位置伺服控制跟踪速度慢一些。图 9-13(b)给出了使用位置伺服控制的闭环系统环境力响应曲线，可以看出最大环境力超过 300 N。图 9-13(c) 给出了使用阻抗控制的闭环系统环境力响应曲线，可以看出最大环境力小于 30 N。比较图 9-13(b)与图 9-13(c)可以发现采用阻抗控制可以有效减小机械臂对环境的冲击力。为了说明问题，位置伺服控制设计成欠阻尼系统，因为实际系统总是存在一定的误差，不可能恰好处于理想状态。

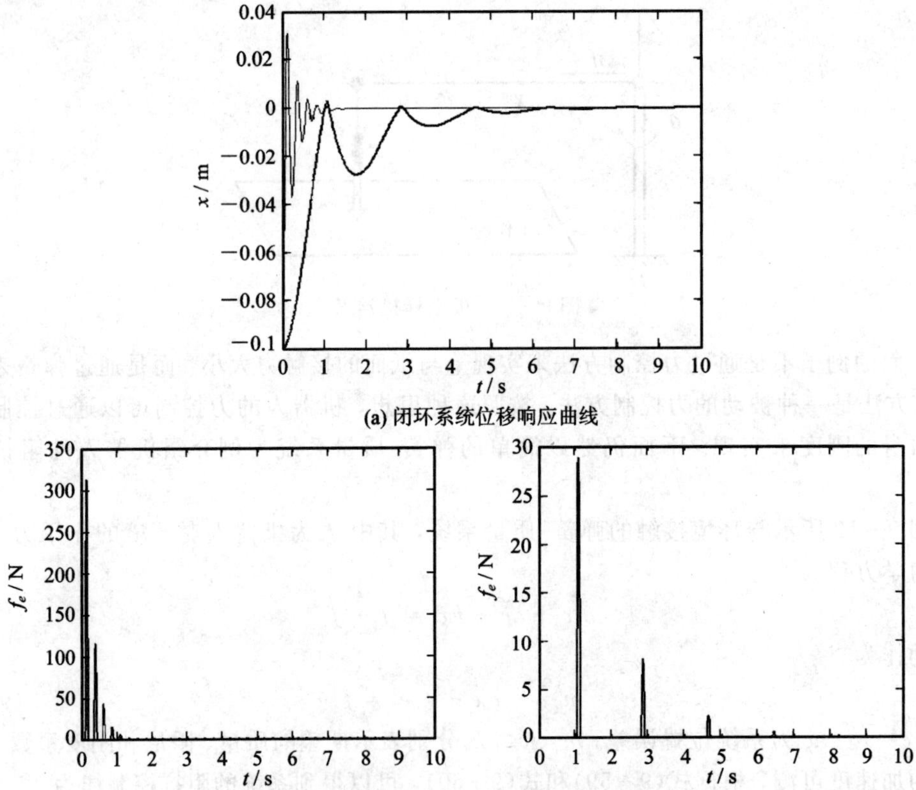

(a) 闭环系统位移响应曲线

(b) 闭环力响应曲线—位置伺服控制　　(c) 闭环力响应曲线—阻抗控制

图 9-13　弹簧-质量系统阻抗控制响应曲线

6. 机械臂力/位置混合控制

如图 9-14 所示 3 自由度移动关节笛卡尔机械臂，末端手爪与竖直表面接触。假设关节轴线沿着约束坐标系的三个坐标轴方向。忽略滑动摩擦，末端执行器与刚度为 k_e 的表面接触，Yc 轴垂直于接触表面。因此，在 Yc 轴方向需要力控制，Xc 轴和 Zc 轴方向需要进行位置控制。对于图 9-14 所示的笛卡尔机械臂，1 轴和 3 轴采用位置伺服控制，而 2 轴则采用力控制。

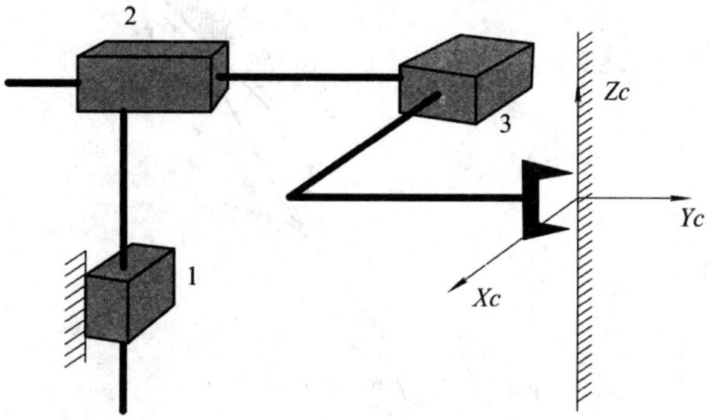

图 9-14 与表面接触的 3 自由度笛卡尔机械臂

图 9-15 给出了三自由度笛卡尔机械臂的力/位置混合控制的一般结构。引入约束矩阵 $\boldsymbol{S}$ 和 $\boldsymbol{S}'$ 描述力和位置控制的模式来控制每个关节。$\boldsymbol{S}$ 为对角矩阵，对角线元素为 0 或 1，1 表示采用位置控制，0 表示自由不受控制；$\boldsymbol{S}'$ 与 $\boldsymbol{S}$ 的含义类似，1 表示采用力控制，0 表示自由不受控制。

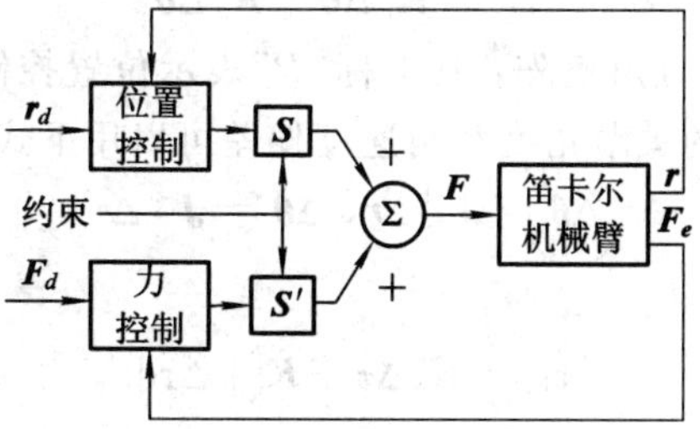

图 9-15 笛卡尔机械臂力/位置混合控制结构

本混合控制例子的约束矩阵如下

$$\boldsymbol{S}=\begin{bmatrix}1&0&0\\0&0&0\\0&0&1\end{bmatrix},\quad \boldsymbol{S}'=\begin{bmatrix}0&0&0\\0&1&0\\0&0&0\end{bmatrix}$$

同一个方向或者采用位置伺服控制，或者采用力伺服控制，但只能采取其中之一。即不能同时控制位置和力，所以约束矩阵满足 $\boldsymbol{S}+\boldsymbol{S}'=\boldsymbol{I}$，其中 $\boldsymbol{I}$ 是单位矩阵。图 9-15 给出的力/位置混合控制的一般结构，可以根据具体操作任务选择约束矩阵，具有很好的通用性。

下面讨论一般机械臂的力/位置混合控制问题，图 9-16 给出了一般机械臂的力/位置混合控制示意图。可以假设任务是采用通用旋转关节机械臂完成擦黑板动作。在垂直黑板面的方向(用单位矢量 $\boldsymbol{e}_F$ 表示)需要进行力控制，而在平行黑板面的方向(用单位矢量 $\boldsymbol{e}_P$ 表示)需要进行位置控制。用 $\boldsymbol{r}_d$ 和 $\boldsymbol{r}$ 表示机器人末端手爪的期望位姿和实际位姿，用 $\boldsymbol{F}_d$ 和 $\boldsymbol{F}$ 表示末端手爪对黑板的期望作用力和实际作用力。用 $\Delta\boldsymbol{r}$ 表示机器人末端手爪位姿的误差在 $\boldsymbol{e}_P$ 方向的投影，$\Delta\boldsymbol{F}$ 表示机器人末端手爪力的误差在 $\boldsymbol{e}_F$ 方向的投影。则两个误差的投影可以按以下公式计算

$$\begin{cases}\Delta\boldsymbol{r}=[\boldsymbol{e}_P^{\mathrm{T}}(\boldsymbol{r}_d-\boldsymbol{r})]\boldsymbol{e}_p\\ \Delta\boldsymbol{F}=[\boldsymbol{e}_F^{\mathrm{T}}(\boldsymbol{F}_d-\boldsymbol{F})]\boldsymbol{e}_F\end{cases}\tag{9-62}$$

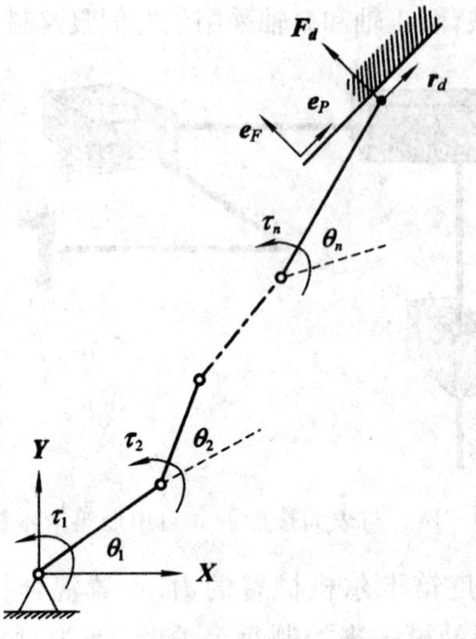

图 9-16　一般机械臂力/位置混合控制示意图

位置伺服采用 PD 控制方法

$$\boldsymbol{\tau}_P = \boldsymbol{K}_p^P \Delta\boldsymbol{\theta} + \boldsymbol{K}_d^P \Delta\dot{\boldsymbol{\theta}} \tag{9-63}$$

式中，控制增益矩阵为正定对角矩阵，其上标"P"表示位置控制。假设机器人的雅可比矩阵是可逆的，则式(9-63)的关节角度和角速度偏差可以用下式估计

$$\Delta\boldsymbol{\theta} = \boldsymbol{J}^{-1}\Delta\boldsymbol{r},\ \Delta\dot{\boldsymbol{\theta}} = \boldsymbol{J}^{-1}\Delta\dot{\boldsymbol{r}} \tag{9-64}$$

力伺服采用 PI 控制方法

$$\boldsymbol{\tau}_F = \boldsymbol{K}_p^F \Delta\boldsymbol{\tau} + \boldsymbol{K}_i^F \int \Delta\boldsymbol{\tau}\mathrm{d}t \tag{9-65}$$

式中，控制增益矩阵亦为正定对角矩阵，上标"F"表示力控制。利用机器人的雅可比矩阵得到手爪环境力和关节力矩的关系

$$\Delta\boldsymbol{\tau} = \boldsymbol{J}^T \Delta\boldsymbol{F} \tag{9-66}$$

注意，式(9-64)利用的是机器人运动学关系计算得到的，而式(9-66)利用的是机器人静力学关系计算获得的。将位置控制律式(9-63)和力控制律式(9-65)相加即得到力/位置混合控制

$$\boldsymbol{\tau} = \boldsymbol{\tau}_P + \boldsymbol{\tau}_F \tag{9-67}$$

力/位置混合控制的结构图如图 9-17 所示。按照该混合控制策略，可以实现机器人即在垂直黑板面方向用期望手爪力 $\boldsymbol{F}_d$ 推压，由同时在平行黑板方向跟踪期望轨迹 $\boldsymbol{r}_d$。

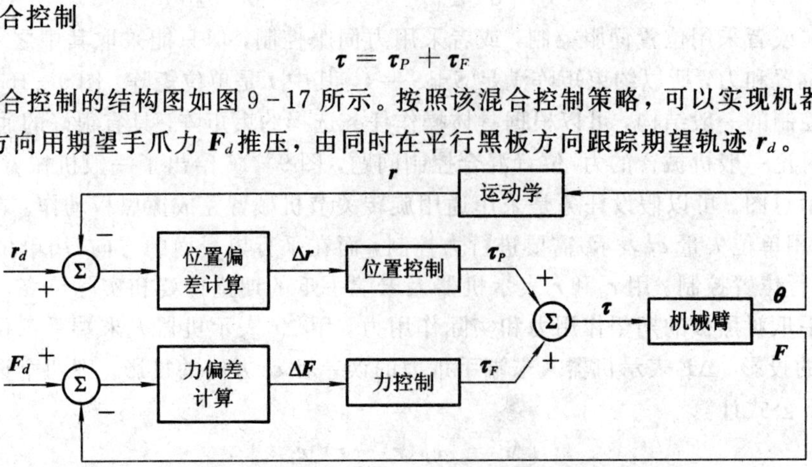

图 9-17　一般机械臂混合控制示意图

本章重点介绍了机械臂位置控制和力控制方法。采用直流电机为驱动器、编码器为传感器的位置伺服控制已经相当成熟，并已经广泛应用于工业机器人系统。而力控制系统由于结构复杂，同时力传感器技术本身也远没有位置传感器成熟，所以尚处在研究阶段。

习　题

9-1　一个单旋转关节的机械臂的动力学方程为

$$\tau = 3\ddot{\theta} + 5\theta\dot{\theta} + 10\theta^3$$

写出采用分解运动控制技术的控制律。选择控制增益使闭环系统的固有频率 $\omega_n=10$，并始终处于临界阻尼状态。

9-2　设计轨迹跟踪系统，系统动力学方程为

$$\tau_1 = m_1 l_1^2 \ddot{\theta}_1 + m_1 l_1 l_2 \dot{\theta}_1 \dot{\theta}_2$$

$$\tau_2 = m_2 l_2^2 (\ddot{\theta}_1 + \ddot{\theta}_2) + c\,\dot{\theta}_2$$

9-3　系统的开环动力学方程为

$$\tau = m\ddot{\theta} + c\,\dot{\theta}^2 + k\theta$$

采用控制律为

$$e = \theta_d - \theta$$

$$\tau = m(\ddot{\theta}_d + k_d\dot{e} + k_p e) + \sin\theta$$

写出闭环系统的微分方程。

9-4　对于机械臂位置校正系统，假设 $\theta_d=0$。采用李雅普诺夫直接法证明控制律

$$\boldsymbol{\tau} = -\boldsymbol{K}_p\boldsymbol{\theta} - \boldsymbol{M}(\boldsymbol{\theta})\boldsymbol{K}_d\dot{\boldsymbol{\theta}} + \boldsymbol{G}(\boldsymbol{\theta})$$

得到的是渐进稳定的闭环系统。

附　录

附录 1　双连杆平面机械手跟踪控制 Matlab 程序

主程序

```
clear;
parameters;
xx=[];
tt=[];
th=[];
dth=[];
r=[];
kp=100;
kd=14;
x= [-0.6857; 2.6559; 0; 0];
for t =0:0.01:10.0      //计算期望关节角和角速度
    tt=[tt, t];
    thk=th_path(t);
    th=[th, thk];
    dth=[dth, inv(jaccbi(thk, t)) * dr_ path(t)];
    r=[r, r_ path(t)];
end
nt=length(tt);
for k=1:nt      //动态控制
   tau=kp * (th(:, k)-x(1:2))+kd * ([0; 0]-x(3:4));      //伺服补偿
   [Mc, Hc]=estimat_ M_ H(x);
   tau=Mc * tau+Hc;
   tspan = [(k-1)/10: 0.01:k/10];
   [t, x1] = ode45(@d_ f, tspan, x);
   x=x1(end, :)';
   xx=[xx, x];
end
hoid on;
plot (L1 * cos(xx(1, :))+L2 * cos(xx(1, :)+xx(2, :)), L1 * sin(xx(1, :))+L2 * sin(xx(1, :)
    +xx(2, :)));
plot(r(1, :), r(2, :), '.-');
```

```
function v = d_ f(t, x);     //动力学方程
% Two link robot ODE (in Euler-Lagrange form)
parameters;
th_ 1 = x(1); % state variables
th_ 2 = x(2);
thd_ 1 = x(3);
thd_ 2 = x(4);
% Euler-Lagrange Equation
% M = Inertia matrix
% vec = Coriolis matrix multiplied by the th_ d derivative vector
% grav = Gravity vector
% tau = Input torque vector
M =[ m1 * Lc1 ^2+I1+I2+m2 * (L1 ^2+Lc2 ^2+2 * L1 * Lc2 * cos(th_ 2)) I2+m2 * (Lc2 ^2
    +L1 * Lc2 * cos(th_ 2));
    I2+m2 * (Lc2 ^2+L1 * Lc2 * cos(th_ 2)) m2 * Lc2 ^2+I2 ];
vec =[ -m2 * L1 * Lc2 * sin(th_ 2) * (thd_ 2 ^2+2 * thd_ 1 * thd_ 2); m2 * L1 * Lc2 * sin(th_ 2) *
     thd_ 1 ^2];
grav =g * [ m1 * Lc1 * cos(th_ 1)+m2 * (L1 * cos(th_ 1)+Lc2 * cos(th_ 1+th_ 2)): m2 * Lc2 *
      cos(th_ 1+th_ 2)];
result = M\(-vec - grav + tau):
thdd_ 1 = result(1);
thdd_ 2 = result(2);
v =[thd_ 1; thd_ 2; thdd_ 1: thdd_ 2 ];

function r=r_ path(t)     //操作空间机械手末端轨迹——圆
r=[0; 0];
r(1)=0.1 * cos(0.2 * pi * t)+0.5;
r(2)=0.1 * sin(0.2 * pi * t);
function dr=r_ path(t)     //操作空间机械手末端速度
dr=[0; 0];
dr(1)=-0.1 * 0.2 * pi * sin(0.2 * pi * t);
dr(2)=0.1 * 0.2 * pi * cos(0.2 * pi * t);
function th=th_ path(t)     //逆运动学——计算关节角
parameters;
r0=r_ path(t);
alpha=acos((L1 ^2+L2 ^2-r0(1)^2-r0(2)^2)/(2 * L1 * L2));
th_ 2=pi-alpha;
th_ 1=atan(r0(2)/r0(1))-atan(L2 * sin(th_ 2)/(L1+L2 * cos(th_ 2)));
th=[th_ 1; th_ 2];
function J=Jaccbi(th, t)     //雅可比矩阵
parameters;
th_ 1=th(1);
th_ 2=th(2);
```

```
J=[-L1 * sin(th_ 1)-L2 * sin(th_ 1+th_ 2) -L2 * sin(th_ 1+th_ 2);
   L1 * cos(th_ 1)+L2 * cos(th_ 1+th_ 2) L2 * cos(th_ 1+th_ 2)];

Parameters;    //全局变量定义
global m1
global m2
global L1
global L2
global Lc1
global Lc2
global I1
global I2
global g
global tau
m1=1;
m2=0.2;
L1=1;
L2=0.6;
Lc1=0.5;
Lc2=0.3;
I1=0.1;
I2=0.02;
g=9.8;

function [M, H] = estimat_ M_ H (x);      //质量矩阵、柯氏力和重力矩阵估计
parameters;
th_ 1 = x(1); % state variables
th_ 2 = x(2);
thd_ 1 = x(3);
thd_ 2 = x(4);
M =[ m1 * Lc1 ^2+I1+I2+m2 * (L1 ^2+Lc2 ^2+2 * L1 * Lc2 * cos(th_ 2)) I2+m2 * (Lc2 ^2
    +L1 * Lc2 * cos(th_ 2));
    I2+m2 * (Lc2 ^2+L1 * Lc2 * cos(th_ 2)) m2 * Lc2 ^2+I2 ];
vec =[ -m2 * L1 * Lc2 * sin(th_ 2) * (thd_ 2 ^2+2 * thd_ 1 * thd_ 2); m2 * L1 * Lc2 * sin(th_ 2) *
    thd_ 1 2];
grav =g * [ m1 * Lc1 * cos(th_ 1)+m2 * (L1 * cos(th_ 1)+Lc2 * cos(th_ 1+th_ 2)); m2 * Lc2 *
    cos(th_ 1+th_ 2)];
H=vec+grav;
```

使用说明：

本程序为双连杆平面机械手跟踪控制，目标轨迹为圆。将主程序和每个函数独立存为.m 文件（包括全局变量定义文件 Parameters.m），文件名为函数名（如 estimat_ M_ H.m），运行的正确结果为教程第 9 章的图 9-7。

附录 2　Puma 机械手逆运动学 Matlab 程序

主程序 puma. m

```
clear; clc; %Puma 正运动学
a2=0.5; a3=0.1; d2=0.2; d4=0.4;
LinkP=[pi/2      0       0     0;          %连杆 DH 参数
       0         -pi/2   0     d2;
       -pi/2     0       a2    0;
       0         -pi/2   a3    d4;
       0         pi/2    0     0;
       0         -pi/2   0     0     ];

T10=UniverseLink(LinkP(1, :));
T21=UniverseLink(LinkP(2, :));
T32=UniverseLink(LinkP(3, :));
T43=UniverseLink(LinkP(4, :));
T54=UniverseLink(LinkP(5, :));
T65=UniverseLink(LinkP(6, :));
T60=T10 * T21 * T32 * T43 * T54 * T65

%Puma 逆运动学
n=T60(1:3, 1);
o=T60(1:3, 2);
a=T60(1:3, 3);
p=T60(1:3, 4);
seta=zeros(6, 1);
seta(1)=atan2(p(2), p(1))-atan2(d2, sqrt(p(1)^2+p(2)^2-d2^2));
s1=sin(seta(1)); c1=cos(seta(1));
k=(p' * p-a2^2-a3^2-d2^2-d4^2)/2/a2;
seta(3)=atan2(a3, d4)-atan2(k, sqrt(a3^2+d4^2-k^2));
s3=sin(seta(3)); c3=cos(seta(3));
seta23 =atan2(-(a3+a2 * c3) * p(3)+(c1 * p(1)+s1 * p(2)) * (a2 * s3-d4),
      (-d4+a2 * s3) * p(3)+(c1 * p(1)+s1 * p(2)) * (a2 * c3+a3));
seta(2)=seta23-seta(3);
s23=sin(seta23); c23=cos(seta23);
seta(4)=atan2(-a(1) * s1+a(2) * c1, -a(1) * c1 * c23-a(2) * s1 * c23+a(3) *
      s23);
s4=sin(seta(4)); c4=cos(seta(4));

s5=-([c1 * c23+s1 * s4 s1 * c23 * c4-c1 * s4 -s23 * c4] * a);
c5=-([c1 * s23 s1 * s23 c23] * a);
```

```
seta(5)=atan2(s5, c5);

s6=-([c1*c23*s4-s1*c4 s1*c23*s4+c1*c4 -s23*s4]*n);
c6 = ([(c1*c23*c4+s1*s4)*c5-c1*s23*s5 (s1*c23*c4-c1*s4)*c5-s1*
   s23*s5 -(s23*c4*c5+c23*s5)]*n);
seta(6)=atan2(s6, c6);

LinkP(:, 1)=seta; %逆运动学结果验证
T10=UniverseLink(LinkP(1, :));
T21=UniverseLink(LinkP(2, :));
T32=UniverseLink(LinkP(3, :));
T43=UniverseLink(LinkP(4, :));
T54=UniverseLink(LinkP(5, :));
T65=UniverseLink(LinkP(6, :));
T60=T10*T21*T32*T43*T54*T65
```

广义连杆

```
UniverseLink.m
function T=link(v)
s=v(1);
al=v(2);
a=v(3);
d=v(4);
T=[        cos(s)              -sin(s)             0            a ;
           sin(s)*cos(al)      cos(s)*cos(al)      -sin(al)     -d*sin(al);
           sin(s)*sin(al)      cos(s)*sin(al)      cos(al)      -d*cos(al);
           0                   0                   0            1    ];
```

程序说明：

本程序为 Puma560 工业机械手逆运动学程序。该机械手逆运动学有 8 个解，程序只计算了其中的 1 个解。先根据给定的连杆 DH 参数用正运动学计算位姿矩阵 T60，再进行逆运动学求解。该解是 8 个解之一，与原始输入参数可能不同，因此，再进行正运动学计算位姿矩阵 T60。若与前面得到的位姿矩阵相同，说明逆运动学求解正确。读者可以修改程序，将所有 8 个逆运动学解计算出来，比较是否包含原始连杆参数的解。

参 考 文 献

[1] John J Craig. Introduction to Robotics：Mechanics and Control [M]. Pearson Education，2005. 负超译. 机器人学导论[M]. 北京：机械工业出版社，2006.

[2] 蔡自兴. 机器人学基础[M]. 北京：机械工业出版社，2009.

[3] ROBOTIS CO. LTD. Dynamixel RX-64 数据手册. http://www. robotis. com.

[4] 陈伯时. 电力拖动自动控制系统：运动控制系统. 北京：机械工业出版社，2008.

[5] 刘启新，张丽华，祁增慧. 电机与拖动基础. 2 版. 北京：中国电力出版社，2007.

[6] 陈万米，张冰，朱明. 智能足球机器人系统. 北京：清华大学出版社，2009.

[7] 张奇志，周亚丽. 移动机器人运动规划的粒子群优化算法. 北京信息科技大学学报，2009，24(4)：12-15

[8] 张元波，张奇志，周亚丽. 基于虚拟重力的双足机器人迭代学习控制. 北京信息科技大学学报，2009，24(4)：21-24

[9] 张奇志，周亚丽. "机器人控制"课程建设与改革. 科技信息，2009，(32)：778-779

[10] 李仕雄，张奇志. 无标定机械臂视觉伺服控制的实验设计. 北京机械工业学院学报，2006，21(3)：5-7

[11] 张奇志，戈新生. 基于样条逼近的欠驱动航天器姿态运动规划. 工程力学，2010，27(1)：246-249

[12] 张奇志. 参数不确定性柔性机械手控制的一种简单方法. 机器人，2000，22(4)：256-259

[13] 张奇志，戈新生，刘延柱. 基于小波逼近的航天器太阳帆板展开过程最优控制的遗传算法(英文). 控制理论与应用，1999，16(6)：842-847

[14] 张奇志，孙增圻. 多连杆柔性机械手末端位置的非线性预测控制. 机械科学与技术，1999，8(6)：867-870